如何做好
挤奶系统功能评估工作

张廷青　编著

U0332689

副主编：熊　亮　基伊埃（上海）牧业科技有限公司技术服务总监

吴锡飞　原首农畜牧设备总监

戴　文　上海兴牧清洁用品有限公司总经理

孟秀荣　奥氏集团总裁

编　者：李静硕士；蒋晓哲硕士；

庄飞纳工程师；吴军康工程师

西北农林科技大学出版社

图书在版编目（CIP）数据

如何做好挤奶系统功能评估工作 / 张廷青编著 . —杨凌：西北农林科技大学出版社，2020.12
ISBN 978-7-5683-0912-7

Ⅰ.①如… Ⅱ.①张… Ⅲ.①挤奶设备－系统功能－评估 Ⅳ.① S817.2

中国版本图书馆 CIP 数据核字（2020）第 262127 号

如何做好挤奶系统功能评估工作
RUHE ZUOHAO JINAI XITONG GONGNENG PINGGU GONGZUO

张廷青　编著

出版发行	西北农林科技大学出版社
地　　址	陕西杨凌杨武路 3 号　　　邮　编：712100
电　　话	总编室：029-87093195　　发行部：029-87093302
电子邮箱	press0809@163.com
印　　刷	西安浩轩印务有限公司
版　　次	2021 年 1 月第 1 版
印　　次	2021 年 1 月第 1 次印刷
开　　本	889mm×1 194mm　　1/32
印　　张	9.75
字　　数	309 千字

ISBN 978-7-5683-0912-7

定价：80.00 元

本书如有印装质量问题，请与本社联系

总　序

　　这是我国第一套涉及奶牛兽医临床实践和原奶生产兽医学的工具类系列丛书，旨在促进我国奶牛临床兽医由单纯医治患牛病例的传统"救火者"，转变为维护奶牛群体健康的当代"守护神"。其技术内容和执业理念与以往传统奶牛兽医学经典书刊资料存在以下显著差异：

　　1. 集中反映了发达国家著名奶牛临床学家在疾病有效防治和病理机理等方面的最新研究进展，包括具体诊断手段、合理治疗方案，以及实用预防措施等。

　　2. 强调奶牛临床兽医肩负的重责之一是：从奶牛群体角度分析各类疾病的发病原因，并提出多方位的治疗方法和预防策略，进而在群体水平，降低或消除所有使奶牛群体难以发挥其最佳生产潜能的制约性因素。

　　3. 鼓励奶牛临床兽医应在确保不损害生态环境与奶牛群体健康的前提下，促进奶牛场可持续有效益地（有利润地）连续不断运营。

　　4. 赋予奶牛临床兽医新的使命：不仅仅是动手者，更应该是奶牛场各种流程的制定者、监督者和评估者，是奶牛场员工的培训者，是奶牛场所需各类新信息的提供者，亦是奶牛场运营方向的领航者！

　　本系列丛书的重要特点是将奶牛群体性主要疾病逐一专题论述，

这样既便于写深、写透每一主题内容，亦有助于我国奶牛临床兽医准确理解、摒弃陋法、推陈出新，继而提高临床救治成功率和预防效果。再有，这种主题论述形式，每隔 5—10 年可继续以相同题目进行更新补充，借以与时俱进。本系列丛书暂拟撰写 21 册，将来根据生产实践需要，还可增加其他专题论述。目前即将发行的 21 册，提供了现代规模化奶牛场几乎全部常见疾病的诊疗细节、病理解释、发病规律、奶牛福利的正反影响、救治方案和预防措施，可视为我国奶牛临床兽医日常业务工作的指南。

　　本系列丛书可供我国奶牛临床兽医使用，也可作为我国畜牧兽医专业学生的补充学习资料，以及畜牧兽医专业教师的教学参考书。

主编：张廷青博士

前　言

　　奶牛机器挤奶技术的研发、完善、普及和智能全自动化，凝集着全人类奶牛养殖者和科学家数千年来的艰辛汗水、失败挫折、经验教训和无与伦比的勇气智慧，系近现代农业技术革命最伟大的发明之一，亦为保障满足人类安全健康食品充足供应最重要的手段之一。时至今日，利用最先进的挤奶系统，发达国家一名员工一年大约可生产 5 万吨原奶，大约为我国 50 年前人工挤奶效率的 300 倍以上。然而，对立统一是宇宙间万物万事发展的根本规律，任何事物或任何技术产品都具有两面性，即俗称"双刃剑"，再顶级完美的挤奶系统亦概莫能外。广泛推广普及机器挤奶虽然显著提高了劳动生产效率和原奶卫生质量，但也造成了一定程度的乳房炎发生。这一棘手问题与原始挤奶机问世完全同步，一直纠缠着挤奶系统发展逾百年，迄今并未彻底解决。究其真正原因，依然是人类智慧开发的机器挤奶实难以天衣无缝地完美模拟哺乳犊牛吸吮母乳，这自然会造成乳头不同程度的损伤；换句宗教神学语言来解释这一现象和结果："人类毕竟不是万能的上帝！"但若为减少乳房炎发生而放弃机器挤奶无疑等于因噎废食，是人类文明进步的倒退。最切实可行的办法就是加强挤奶设备日常维护保养和定期检测其功能是否正常，藉以确保最大限度地降低乳头损伤而致的乳房炎。鉴于国内目前尚无如何做好挤奶系统功能检测工作科普类技术读物或工具书，我们特地编著这本专辑。

美国全国泌乳牛总头数多年来一直维持在 950 万头上下波动，大约 1800 名训练有素的奶牛临床兽医担负着这些泌乳牛的整体健康和原奶卫生质量管控工作。原奶卫生质量管控工作内容自然包含如何有效降低临床乳房炎发病率，如何有效降低亚临床乳房炎发病率，如何保证原奶微生物不超标，等等。所以，这 1800 余名奶牛临床兽医几乎人人具备如何检测挤奶系统功能是否正常的基本技能，否则，就会失业。美国各兽医院校均设置挤奶系统结构透视实验室，学生们如同身临奶牛场挤奶厅现场，可以近距离目睹和理解挤奶系统工作原理、哪些运行关键环节会造成乳头损伤和如何预防，以及如何做好原位清洗的要点；同时还可亲自动手尝试如何检测挤奶系统各项功能是否正常，获得初步经验和技能；资深教授也会手把手传教学生们并分享自己现场实践的丰富经验。经过这样的系统培训，学生们毕业后从事奶牛临床兽医工作时，至少面对原奶卫生质量管控挑战就不会内心发怵而是胸有成竹。再有，美国业已开发出一款微型挤奶厅演示培训车，藉以方便奶牛临床兽医驾驶拜访各奶牛场时，对奶牛场挤奶员工和相关技术人员结合该场具体问题进行针对性模拟、浅显易懂、一目了然的培训。发达国家同行们的这些做法极大地启发了我们，亦成为编著这本专辑的初衷之一。

对比西方发达国家奶牛临床兽医专业素养和技能，我国目前奶牛临床兽医在处理原奶卫生质量管控疑难问题时，明显先天不足和缺乏基础训练，最主要的事实就是在庞大的数万名奶牛场临床兽医群体中，竟然鲜有具备挤奶系统功能检测技能的奶牛临床兽医当值，这自然造成临床实践遇见乳房炎发病率高和原奶微生物超标窘境时力有不逮，如同"老虎吃天，无从下爪"。当然，我国兽医专业教学课程体系和农机专业教学课程体系亦均不提供这方面的培训内容，或缺乏认识和不重视这方面的培训内容。目前国内运行的数万套各类挤奶系统，几乎清一色由我国名牌大学机械系毕业的工程师们担负这些设备的日常维护和功能检测评估任务。毋庸讳言，就这些工程师们的专业训练背景而言，挤奶系统在机械科学领域应该归属于最简单一档，应付其日常维护和功能检测评估易如反掌、绰绰有余。然而，如需将这些工程师们喻为"小菜一碟"式极简单的日常工作与原奶卫生质量管控任务有机结合起来统一完成，则受原先专业训练知识限制，的确有一定难度。有鉴于此，参照发达国家此领域通行做法，为鼓励我国奶牛临床兽医尽速弥补该领域专业技能短板，特编辑本书供学习和参考。另外，本书亦可作为挤奶厅骨干技术员工日常工作的基本指南之一。主笔本书的几位副主编，均为我国奶牛养殖界挤奶设备领域久负盛名泰斗级大家，不仅受业院校显赫，而且具有数十年的现场实操经验，是名副其实的斫轮老手：身经百战、厥功至伟。本书参考资料主要来源于瑞典、德国、美国、加拿大、爱尔兰、英国、澳大利亚、新西兰和中国等近期专业书籍杂志，以及既往自身工作积累多年的实例。

　　GEA 集团总部设于德国杜塞尔多夫，作为国际机械制造系统供应商之一，GEA 通过其解决方案和服务，尤其是在食品、牧业、饮料和制药领域，为可持续发展的未来做出了重要贡献。此外，在全球范围内，GEA 的设备、工艺和组件为减少 CO_2 排放、塑料使用以及生产过程中食物浪费等诸多领域所获取的成就亦举世瞩目。GEA 被列于德国 MDAX 和 STOXX® 欧洲 600 指数中，还被纳入 DAX 50 ESG 和 MSCI 全球可持续发展指数内。基伊埃（上海）牧业科技有限公司属于 GEA 集团分公司，于 2002 年 12 月 31 日正式进驻中国开展业务。历经18年风雨，基伊埃始终秉持逾100年前集团初创时的理念：以卓越机械产品和技术流程造福全人类！在此期间向中国奶牛养殖业引进了大量高端挤奶系统、粪污整体自动集纳系统、智能原奶冷却贮存系统和乳头药浴系列产品；同时提供奶牛场整体解决方案和交钥匙工程，包括新建奶牛场设计、现有奶牛场设备和设施升级改造、设备安装调试和人员培训、售后技术服务和奶牛场运营各项诸多瓶颈环节破解。基伊埃（上海）牧业科技有限公司如今已跃然成为国内一家著名可信赖的奶牛场设备供应和技术服务厂商。2006年，为促进国内奶牛养殖业提高原奶卫生质量和有效诊疗防乳房炎，基伊埃曾组织编译过"战胜乳房炎"一书，书中部分内容曾牵涉到挤奶系统功能是否正常与乳头健康和乳房炎发病率高低存在密切关联，但未深入叙述和解析。本专辑的出版和发行既是基伊埃对该书这部分内容的进一步拓展和细化，也是基伊埃对国内行业同仁们多年支持的馈报。希望本书涉及的理论和技术内容能够对奶牛场全体朋友们的日常工作有所帮助！

基伊埃（上海）牧业科技有限公司技术服务总监　熊亮

CONTENTS ‖ 目 录

第一章 奶牛临床兽医为什么需要掌握挤奶系统基本检测技术?

一、机器挤奶是如何发展成熟的?

研究古代陶器遗址上的脂质沉积物表明,距今约11000年前(新石器时代)人类就开始饲养奶牛,当时饲养奶牛的区域是在今日伊朗和土耳其一带;生活在欧洲地区的先民们那时依然以狩猎动物和采集野果为生;又经过数千年发展进化,距今大约6000年前,英国先民已经开始饲养奶牛并制作奶酪,参阅图1-1(A)。像大多数哺乳动物一样,人类在童年后对乳糖是缺乏耐受性的,因为一旦身体发育成熟,其与生俱来的消化生理系统并不会充分消化牛奶。然而,这对近东早期奶农来说,并不是问题,因为他们大多把山羊奶、绵羊奶和牛奶变成酸奶和奶酪,这缘于当地天气太热,无法储存液态牛奶,无法及时保持冷却就会很快变质。公元前5500年左右,当时近东奶牛养殖先民开始迁移到欧洲;当地湿冷的环境难以种植庄稼,但大量的牧草却适合饲养奶牛从而为人类提供食物。这些奶牛养殖先期移民在今日匈牙利巴拉顿湖附近遇到了本地土著群体,该土著群体恰好大部分人因基因突变产生了乳糖酶,即允许其可以消化乳糖和液态牛奶。近东奶牛养殖先期移民与该土著群体通婚,并传授其带来的奶牛养殖知识。由于乳糖酶基因为显性基因,所以那些混血后代均可以喝牛奶。这样，液态牛奶突然成为人类饮食的一部分。乳糖耐受基因在人类饮食文明进化过程中被大量被动选择，并迅速在欧洲传播，该基因突变使当时人类少年儿童存活率提高了至少10%以上；这正是缘于越来越多的人类后裔在液态牛奶（含有维生素）变质前就可直接喝饮摄取必需营养。与此同步，随着奶牛养殖业的逐步扩散和乳糖耐受基因在人类族群中逐渐扩展，全体人类基因从最初因不耐受牛奶中乳糖而不能饮用牛奶进化到婴儿断奶后均可以饮奶，这一转变促进了原始奶牛养殖业的进一步发展进步；此时奶牛成为人类赖以生存的重要伙伴，乃因其可全年源源不断提供食物而不是像先前那样被宰杀仅能提供一次性食物。考古学家发掘先民活动遗址看到很多陶器和洞穴雕刻牛像，从这个时期开始，饲养奶牛应该是当时先民们的大事，继之许多宗教开始崇拜牛，有些一直延续至今，如印度教。又经过 1000 余年，奶牛养殖和加工奶制品已经成为北非先民的重要经济活动，参阅图 1-1（B）；到了公元前 3100 年左右，奶牛养殖和加工奶制品同样成为古埃及先民的重要经济活动，参阅图 1-1（C）。人类尝试替代手工挤奶的方法可追溯到大约公元前 380 年，那时的埃及人将麦秸管插入奶牛乳头希望以此引起自动排乳，但并不成功；此后至 1860 年之前，人类一直是手工挤奶；1800 年代初中期因人口增加和对牛奶日益高涨的需要，原始手工挤奶难以满足，所以研发挤奶机非常活跃；1889 年，一名水暖工成功开发出一款可实际应用的挤奶机，人类才正式开始逐渐告别逾 11000 年的手工挤奶历史。

　　与传统奶牛养殖国家和当今西方发达国家相比，我国古代农耕文明中并无奶牛养殖业，所以我国人口中具有乳糖不耐受基因的比例也是全球最高地区之一，参阅图 1-2。19 世纪中叶，西方列强舰炮轰开清政府国门，传教士进入中国的同时亦带来了为其生产牛奶的奶牛。因此，我国早期奶牛养殖业的创建和发展只是为达官贵族服务，规模很小，技术亦非常落后。新中国成立后，我们忙着解决温饱疾苦，全国人民的喝奶问题自然不是当时饮食结构的主要矛盾。因此，无论是在奶牛养殖技术，还是畜牧机械等方面较新中国成立前均无明显、长足的进步。所以，直至1980年左右，我国大部分奶牛场仍靠手工挤奶，落后发达国家近100年。

人类尝试制造挤奶机最早可追溯到1819年，当时的做法是将细管插入乳头末端乳头孔，迫使乳头括约肌开张，让牛奶从乳腺流出。这些细管有木质的或使用羽毛细管，后来还有银质细管、象牙细管或骨质细管，这些最原始替代手工挤奶的方法称为"细管挤奶法"，至20世纪初依然应用，参阅图1（E）。尽管"细管挤奶法"是朝着研发挤奶机正确方向迈出的可贵一步，但却造成了感染性疾病发病率的明显升高，这自然缘于强行开放乳头括约肌和插入乳头孔的细管不消毒所致。"细管挤奶法"的工作原理并不能完美模仿人工挤奶或哺乳犊牛吸吮奶，使用不久就发现效率低下和有害泌乳牛健康。

现代挤奶系统沿流溯源可至1878年安娜·鲍德温（Anna Baldwin，1857—1963年）最早申请的真空挤奶机专利，当然，安娜也是参考了许多前人尝试的结果。安娜生于1857年，11岁发明申请一款专利设备可以更好地处理牛奶生产豆浆和黄油；12岁结婚共生育10个孩子，活了106年。其当时在新泽西州纽瓦克经营一家奶牛场。每日繁忙劳累的挤奶工作加上还要养育众多子女，促使其22岁就研发出第一款真空挤奶机，被称为"保洁手套挤奶机"，参阅图1-1（E）和图1-3。安娜·鲍德温于1878年申请了早期真空挤奶机的专利；这款真空挤奶机被认为具有创新意义，因为挤奶装置应用了真空吸力原理，而不是试图复制手工挤奶，参阅图1-4。

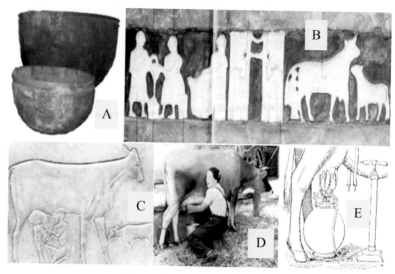

图 1-1　机器挤奶是如何发展的？

　　A：6000 年前英国先民使用的制作奶酪工具；B：5000 年前北非先民奶牛养殖和加工奶制品生产活动石刻图；C：公元前 3100 年，古埃及先民挤奶石刻图；D：直至 1800 年代初，人们依然是手工挤奶；E：1878 年美国 22 岁挤奶少妇安娜·鲍德温研发申请专利的第一代真空挤奶机。

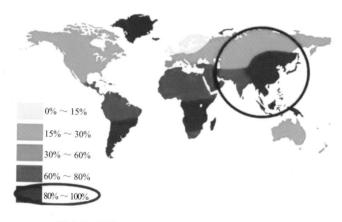

图 1-2　联合国公布的全球人群乳糖不耐受率分布图

　　颜色越深表明该区人群乳糖不耐受率越高，当地远古时期并无奶牛养殖业，中国属于颜色最深区域之一。

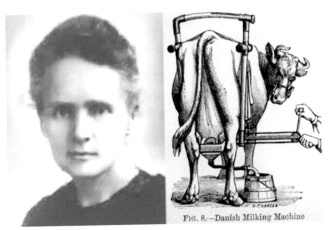

图 1-3　左分图为安娜 · 鲍德温（Anna Baldwin），现代挤奶系统技术奠基人；右分图为同时期丹麦人发明的真空挤奶机

A. C. BALDWIN.
Cow-Milker.

No. 212,423.　　Patented Feb. 18, 1879.

UNITED STATES PATENT OFFICE.

ANNA C. BALDWIN, OF NEWARK, NEW JERSEY.

IMPROVEMENT IN COW-MILKERS.

Specification forming part of Letters Patent No. **212,423**, dated February 18, 1879; application filed December 21, 1878.

To all whom it may concern:

Be it known that I, Mrs. ANNA COREY BALDWIN, of Newark, in the county of Essex and State of New Jersey, have invented a new and useful Improvement in Cow-Milkers, known as a "Hygienic Glove-Milker," of which the following is a specification:

In the drawings, Figure 1 is a side elevation. Fig. 2 is a plan.

My invention relates to appliances for milking cows, wherein a sack or case of elastic rubber is placed over the udder, having at the top a contracting band, made to press closely against the udder, to prevent the air from entering into the case. This sack terminates below in four tubes for the teats, with a pressure-band to close about the upper end of the teat, and the lower ends of the tubes widen out into one tube or sack, the four tubes uniting in one, which extends and connects with a suction-pump, the operation of which on the case and on the pressure-bands draws the milk. This becomes a glove-milker, like an inverted glove—the upper part as the band on the udder, and the tubes and bands as the thumb and fingers on the teats.

The operation of milking is similar to hand-milking, in which the tube extending to the pump compares to an arm, and the tubes and bands for the teats to fingers pressing them, the pressure coming from the suction of the pump.

A is an elastic rubber sack or case, and B is an elastic compress-band at the upper end, the whole to close over the udder and keep out the air. C C are tubes in the lower end of the case, which are a division of the case into four tubes for the insertion of the teats; and on these tubes are placed elastic rings D, to be pushed up to the upper end of the tubes, when the teats are in them, to prevent any air that might possibly have passed into the case above from passing into the tubes.

The lower ends of the tubes C run together and form one tube, E, which extends out laterally to form a connection with a suction-pump, F. The pump and milking apparatus may be stationary, and the cow be driven into a certain position relative to it, or may be portable.

The action of the pump exhausts the air from all the case and tubes, and then draws the milk by the reciprocating pressure, which flows out to fill the vacuum in the tube E, and by the pump is discharged into the pail G.

This simple and harmless method of milking will do the work many times faster than the old hand process, and at a great saving of tax on the hands of the milker.

A rubber band attached to each side of the case, and extending over the back of the cow, may be used, if needed, to assist in holding the case in position on the udder.

What I claim as my invention, and desire to secure by Letters Patent, is—

The case A, with the band B to fit on the udder, and the connecting-tubes C C and bands D to fit on the teats, in combination with the tube E and pump F, substantially as and for the purposes specified.

MRS. ANNA COREY BALDWIN.

Witnesses:
HORACE HARRIS,
GEO. B. ADAMS.

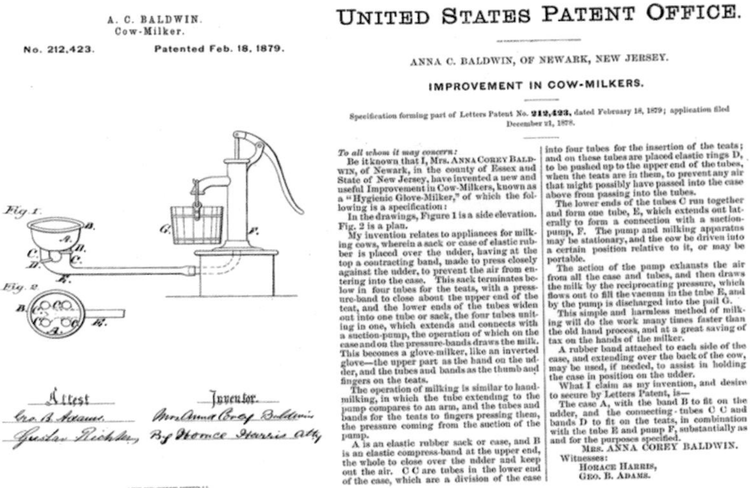

图 1-4　安娜 · 鲍德温于 1879 年 2 月 18 日向美国专利局申请其挤奶机发明专利的设计草图和文字说明影印件，美国专利号为 212423

尽管安娜 · 鲍德温及其同时代其他发明者开发的这些挤奶机是朝着正确方向又推进了一大步，但仍然造成许多乳房问题，如损坏乳房组织，或使奶牛挤奶期间感觉不舒适而频频踢落挤奶杯组。1878

年之后，研究人员就如何设计制造挤奶机落实了三项基本原则。第一项原则指出，奶管为挤奶机必备组件之一，其功能相当于乳池开口，可使乳房内的奶汁源源不断流出，同时奶管必须定期消毒，藉以防止疾病传播。第二项原则指出，当奶管套上乳头后，应模拟手工挤奶，在乳头基部持续向下给予压力。第三项原则指出，应模拟哺乳犊牛吸吮奶头动作，即奶杯内产生真空而具有某种吸力。

1889年，一名水暖工成功研发了第一台商用挤奶机并引入市场，1892年获得专利。这台挤奶机被称为默奇兰机器（Murchland Machine）；其采用真空技术，而不是向乳头施加压力；这台机器悬挂于待挤奶牛近旁，连接到乳房奶头连续提供真空，奶杯维持乳头包裹着乳汁，避免真空将乳头吸拽变形，参阅图1-5。

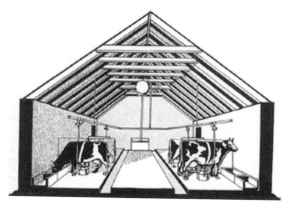

图1-5　1889年第一台商用挤奶机在美国问世，被称为默奇兰机器

发明家很快意识到，脉动是高效挤奶所必需的，并开始应用手泵或脚泵设计挤奶机。梅林机器（Mehring Machine）是一个脚足操作模拟脉动效果的挤奶机；这台挤奶机可以同时挤两头牛，挤奶员坐在两头牛之间操纵足杆产生真空，双足有节奏地一踏一松就能产生真空和粗糙脉动，参阅图1-6。

图1-6　足泵梅林挤奶机于1892年在北美问世，一直使用到1920年，前后总共生产了3000台左右，大部分销往新西兰和南美

1895年12月2日，第一台应用脉动器设计的挤奶机称为西斯尔挤奶机（Thistle Milking Machine）在英国农业大厅乳品博览会展出，参阅图1-7。该款挤奶机使用蒸汽驱动泵，结合吸力和挤压可同时挤4头奶牛；另外也采用了橡胶奶杯和牛奶接收罐。但当时美国乳业专家并不认可间歇性挤奶流程；然而，美国农业部却清醒意识到：由脉动器控制的间歇性挤奶流程是正常的，可有效提高挤奶效益，故而于1898年支持获得美国发明专利。可惜的是，西斯尔挤奶机后来最终仍被业界拒绝，缘于保持清洁和消毒非常困难。认识到脉动对保护乳头健康和提高挤奶效益是开发新设计挤奶机的关键步骤技术，直到今天依然如此。历经逾百年艰难摸索，现代挤奶机的基本元素终告基本齐全：真空系统、脉动部件、四个单独奶杯组成的挤奶杯组，以及牛奶运输和收集系统。

图1-7　首次应用脉动器设计的西斯尔挤奶机于1895年12月2日在英国农业大厅乳品博览会展出

1913年，美国的亨利·杰弗斯（Henry W. Jeffers）构思了旋转平台挤奶机设想，当时称为Rotolactor，尝试进一步削减挤奶设备投资和维护成本，以及节省劳力，藉以提高挤奶效益。1928年，博登公司（Borden Company）收购了沃克-戈登乳业公司（the Walker-Gordon Laboratories Dairy），继续认真研发旋转平台挤奶系统，1929年博登公司投资20万美元在沃克-戈登乳业公司属下奶牛场建造旋转平台挤奶系统，并于1930年11月13日投入运行，全球这第一款旋转平台挤奶机设置50个挤奶位，每12.5分钟转一圈，参阅图1-8。直到20世纪30年代，才开发设计出真正意义的挤奶厅，但当时并不完全适用。此后直到1952年，新西兰奶农怀卡托（Waikato）和发明家罗恩·夏普（Ron Sharp）偶尔在大街上看到一排排斜停的小汽车，两人便萌生了将挤奶坑道与斜向挤奶位结合起来的新挤奶厅设计思路；之所以称为鱼骨式，因为从上面俯瞰像一个鱼骨架；采用鱼骨式挤奶厅，当时每名挤奶员工每小时可挤150头牛，缘于那时奶牛单产不高，同时操作流程极简单，挤奶员工只要完成套杯即可，并不执行前药浴、挤头三把奶、擦干净乳头和后药浴等挤奶操作流程环节，参阅图1-9。并列式挤奶厅于20世纪70年代末首次出现在荷兰，最初应用于山羊和绵羊挤奶厅升级。1983年秋美国华盛顿州门罗市奶牛场主沃尔特·德容（Walt De Jong）兄弟研发成功安装了第一款并列式挤奶厅。与鱼骨式挤奶厅相比较，可节约空间50%，提高劳动效率30%～50%，参阅图1-10。引入挤奶厅概念和设计极大提高了挤奶效益，迄今仍然继续使用和不断完善。机器挤奶技术随后又一飞跃发展是在20世纪70年代实施电子挤奶技术，如自动脱杯技术、个体识别技术等。个体识别技术能够自动记录生产性能和生理状态，极大减轻了人工观察负担和失误。目前有两种类型大型挤奶厅运行，即静态型和旋转型；静态型如鱼骨型和并列型，被挤奶牛需分别或成组引导进入挤奶厅挤奶位，挤奶员工需往复走动执行操作流程；而旋转型挤奶厅俗称转盘型挤奶厅，所有被挤奶牛分别进出转盘上的挤奶位，转盘不断转动，挤奶员工无须往复走动，站在固定位置分工完成挤奶操作流程。

从1849年至1911年，在美国申请有关机器挤奶技术的专利至少219件；得益于这些先行者的不懈努力和发明，各发达国家于1920年后逐步推行机器挤奶。尔后，再经过逾70年的不断进取，并借助同步相关高科技的发展和应用，1992年，一种崭新挤奶方式终于被推出，即智能机器人挤奶系统，该挤奶系统不仅节约劳力，而且尊重奶牛本身愿望符合自然状态自动去挤奶，从而减少挤奶应激。这种颠覆传统挤奶方式的革命性进步，演绎为最突出的人类文明智慧结晶成果之一，参阅图1-11。

图 1-8 　右下分图为设置 100 个挤奶位的现代旋转式挤奶机；其余左上分图、右上分图和左下分图均为 1930 年 11 月 13 日问世的首款旋转式挤奶机当时从不同角度留下的照片

图 1-9 　左分图为 1952 年由新西兰奶农怀卡托（Waikato）和发明家罗恩·夏普（Ron Sharp）设计的鱼骨式挤奶厅。右分图为现代鱼骨式挤奶厅，目前在我国许多奶牛场均可看到

图 1-10 　左分图和中分图为 1983 年秋美国华盛顿州门罗市奶牛场主沃尔特·德容（Walt De Jong）兄弟研成功安装的第一款并列式挤奶厅，当时为单排 18 个挤奶位，只需要鱼骨式挤奶厅 10 个挤奶位空间即可；右分图为今日 80X2 的双排超大型并列式挤奶厅，我国虽然没有如此超大型的，但中小双排并列式挤奶厅比比皆是

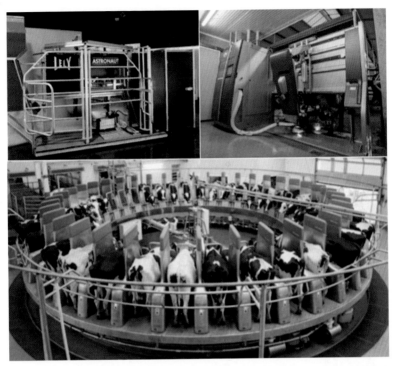

图 1-11　左上分图为 1992 年研发成功的第一代智能机器人自动挤奶系统；右上分图为 2018 年推出的第五代智能机器人自动挤奶系统，这类挤奶系统每套可承担 50 ~ 60 头泌乳牛的全自动挤奶任务；下图为 2015 年研发成功的第一代智能机器人旋转式自动挤奶系统，每小时可承担 600 头泌乳牛全自动挤奶任务，但需要人工将牛从牛舍驱赶到挤奶厅；目前我国对这两类智能机器人自动挤奶系统正尝试消化吸收引进

二、机器挤奶是如何引入我国的？

在世界挤奶机械飞速发展的同时，我国在 1980 年之前的机器挤奶技术却落后发达国家将近 100 年，归纳主要原因如下：

（1）我国古代农耕文明中并无奶牛养殖业，自然无缘早期机器挤奶技术研发。

（2）由于历史和外交方面的原因，初期引进的机器挤奶设备和技术基本源于前社会主义国家，这在某种程度上已经落后于发达国家同时期同类产品。

（3）1982年，本书副主编吴锡飞（原首农畜牧设备总监）与国际友人阳早和寒春在西安草滩农场使用提桶式管道挤奶机，应该是从上海进了一些零部件自己组装的，用的还可以，当时挤奶就靠这些设备，但机器挤奶研发在1982年之前就开始了。几乎与此同时，深圳光明奶牛场全套使用利拉伐管道机＋进口直冷罐，牛奶径直销往香港；在当时的中国，算是设备先进，牛奶卫生质量优良。

（4）1982年，在中国政府的大力协助下，曾全力以赴、自力更生研发国产挤奶设备，全国4家单位参加，历时5年于1987年通过验收。期间，西安草滩农场修造厂制造并向全国销售了100多套鱼骨式挤奶台；作为项目中试场，在农机院小王庄实验站建了一个奶牛场，饲养近150头成母牛，1台2×8鱼骨式，1台2×3侧开门式挤奶台；经常使用的是后者，从1987年一直使用至今。后来升级加装了基伊埃牛奶计量器、自动脱杯装置和牛群管理系统。尽管项目是成功的，但一些关键零部件质量欠佳，终因资料匮乏和配套基础工业技术陈旧，加之研发力量势单力薄、孤掌难鸣，必要技术沉淀和积累不足，最终并未产生中国市场认可和接受的民族品牌机器挤奶系统。

（5）1985年，拥有16×2鱼骨式挤奶厅的美资独资广美香满楼奶牛场在广州正式运行，这是中国首次在规模化奶牛场（1200头挤奶牛和800头后备牛）使用西方发达国家的挤奶设备和技术。进入1990年后，由于我国奶牛养殖业逐步快速发展，中国这片尚未被先进挤奶设备和技术开垦的处女地，引起了全球挤奶设备供应巨头们的特别关注，纷纷登陆中国。迄今为止，全球各主要挤奶设备供应商均已在中国建立了分支机构并积极开拓业务。据不完全统计，近20年来，发达国家挤奶设备供应商总共向我国销售了1.3万套以上的挤奶设备，这些挤奶设备是当代高科技挤奶技术的载体，对推动我国奶牛养殖业现代化和改进原奶卫生质量起着不可估量的正面影响。

三、奶牛临床兽医为什么需要掌握挤奶系统基本检测技术?

（1）纵然机器挤奶技术已经研发逾2个世纪，并且日臻完美，但瑜不掩瑕，与传统手工挤奶或哺乳犊牛自然吸吮母乳不同，机器挤奶至少目前尚难以天衣无缝地完美模拟这两种几无任何损伤形式从奶牛乳房获取牛奶。换言之，机器挤奶或多或少总会对乳头造成某种程度的损伤，取决于设计理念、加工材质、功能设定、日常检测和保养、挤奶操作流程制定和执行、前后药浴液选择和应用，以及我们为保证挤奶效率而能承受的乳头损伤程度。以上各项，除设计理念和加工材质奶牛临床兽医难于干预或影响外，其余各项奶牛临床兽医理应责无旁贷，均为其必须具备的基本技能和日常业务内容。这非常容易理解，乳头损伤系造成临床乳房炎和亚临床乳房炎的主因之一，奶牛临床兽医需在源头予以有效防控。图1-12是机器挤奶造成的部分各类乳头损伤。

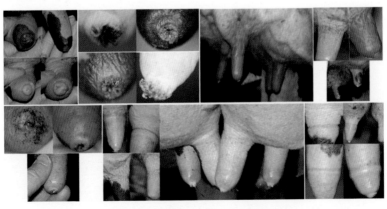

图1-12　机器挤奶造成的部分各类乳头损伤

（2）将原奶微生物数控制在一定范围系原奶卫生质量管控内容之一，而做好这项工作的前提就是原位清洗（CIP）到位，这不可避免涉及检测和维护挤奶系统清洗功能正常、清洗流程设定与执行、清洗液选择和应用、原位清洗问题的判定与解决等，所有这些，奶牛场临床兽医亦责无旁贷，必须具备才能胜任。

（3）美国全国常年保持900万～1000万头泌乳牛，约有2000名奶牛临床兽医提供服务，人均5000头左右，人人都掌握挤奶系统基本检测技术。故而，为增加我国奶牛临床兽医自身专业素养竞争力，以及更好地提供技术服务，我们理所应当、义不容辞自觉尽快掌握这项技术，迎头赶上发达国家同行。

四、本章问题

国内某些奶牛场总是将本场临床乳房炎发病率高或亚临床乳房炎发病率高不分青红皂白，统统归咎于挤奶系统功能欠佳所致。这种观点是否正确？如何客观合理科学解释？如何令人信服地平复其满腔怒火？

第二章　机器挤奶的原理是什么?

一、挤奶系统基本结构都有哪些? 奶牛临床兽医主要检测哪些部件功能?

图 2-1 示双排鱼骨式 / 并列式挤奶系统最基本结构，这是目前全球包括我国使用最广泛的挤奶系统，其他还有旋转台挤奶系统和智能机器人全自动挤奶系统，基本结构布局完全迥异，但工作原理没有太大区别，检测维护保养要点基本相同。作为奶牛临床兽医，现场我们应该主要检测挤奶系统哪些功能呢?

（1）真空。

（2）脉动。

（3）自动脱杯设定。

（4）浪涌。

二、机器挤奶的基本原理是什么?

使用任何机器挤奶，除节省人工和提高劳动效率外，其最根本的要求只有 3 条，即完成挤奶时间越短越好;将乳房内生成的牛奶越彻底完全挤出越好;挤奶过程越轻柔越好。在人工挤奶时，手完全握住整个乳头，拇指和食指形成环状将乳头上部捏紧，藉以防止乳头乳池的奶返流回乳腺乳池，其余手指则向内和向下挤压乳头下部，参阅图2-2，从而会使乳头乳池内部的压力增高而迫使乳头管和乳头孔括约肌开放，乳汁顺利排出。当乳头乳池中的奶完全排出后，拇指和食指放松，这时乳腺乳池的奶受重力作用，又会迅速充满乳头乳池；此时可继续重复前套动作，周而复始直至将该乳区奶全部挤尽。人工挤奶的基本原理就是运用手指对乳头内部的乳头乳池给予压力（乳头内部的压力高于乳头外部的压力）。哺乳犊牛自然哺乳时，其首先用舌头裹卷着乳头抵紧上腭施加压力，同时吸吮乳头末端，如此便造成乳头乳池内部的压力增高，同时乳头末端外周形成真空，两种机制协调作用（压力和真空，真空是主要的）而使乳头内部乳头乳池的压力相对明显高于乳头外部，故而乳汁可顺利进入犊牛口腔。当哺乳犊牛吞咽时，由于乳头外部的压力此时恢复正常，所以不会再有乳汁流出，但乳腺乳池的乳汁又会及时充满乳头乳池。哺乳犊牛完成吞咽后又会重复前套动作，周而复始，直至吃饱。与人工挤奶相异，哺乳犊牛自然哺乳的基本原理就是同时制造压力和真空（主要是制造真空）而使乳头外部的压力低于乳头内部乳头乳池的压力（图2-2），哺乳犊牛每分钟大概能完成80～120次吸吮动作。目前最先进的挤奶系统还不能完全模仿哺乳犊牛自然哺乳机制，但却可以复制哺乳犊牛吸吮乳头末端的方式，即在乳头末端制造真空而促使乳头管和乳头孔括约肌开放，继之乳汁顺利流出。因此，机器挤奶基本原理的本质就是真空挤奶。此外，挤出的奶被迅速输送至储奶大罐，以及挤完奶后的挤奶系统原位清洗过程均需要藉助真空完成。所以，挤奶系统必须要有充足的真空供应并保持稳定。笔端至此，如欲进一步透彻了解机器挤奶的基本原理，奶牛临床当值兽医理应认真重温在初中曾学习过的相关物理学知识。

三、什么是真空?

机器挤奶藉助利用真空的方式将牛奶吸出,和哺乳犊牛吮吸乳头末端的方式相同。故而,为透彻了解真空,我们需要弄清楚与真空有关的若干物理学概念。

1.什么是压强?

物理学中把垂直作用在物体表面上并指向表面的力叫做压力。压强是表示物体单位面积上所受到压力的大小的物理量。压强的单位是帕斯卡,简称帕(之所以叫帕斯卡是为了纪念法国科学家帕斯卡)。在公制中,压强用帕(Pa)或千帕(kPa)表示。在美国,通常用每平方英寸的磅数(PSI)来表示。

2.什么是大气压强?

大气对浸在它里面的物体产生的压强叫大气压强,简称大气压或气压。马德堡半球(德语:Magdeburger Halbkugeln,英语:Magdeburg hemisphere),亦作马格德堡半球,是1654年时任马德堡市市长奥托·冯·格里克于神圣罗马帝国的雷根斯堡(今德国雷根斯堡)进行的一项科学实验,目的是证明大气压存在,而此实验也因格里克的职衔而被称为"马德堡半球"实验。当年进行实验的两个半球现仍保存在慕尼黑的德意志博物馆中。今日依然有供教学用途仿制品,用作示范气压原理,其体积自然也比当年的半球小很多。若把马德堡半球空间抽成真空,就需用16匹马才能拉开。马德堡半球实验有力地证明了大气压强的存在,从而让人们对大气压有了进一步的深刻认识。然而,早在1643年,意大利科学家托里拆利就在一根1米长的细玻璃管中注满水银(汞)倒置在盛有水银的水槽中,发现玻璃管中的水银大约下降到760毫米高度后就不再下降了。这760毫米刻度之上的空间无空气进入,是真空。托里拆利据此推断大

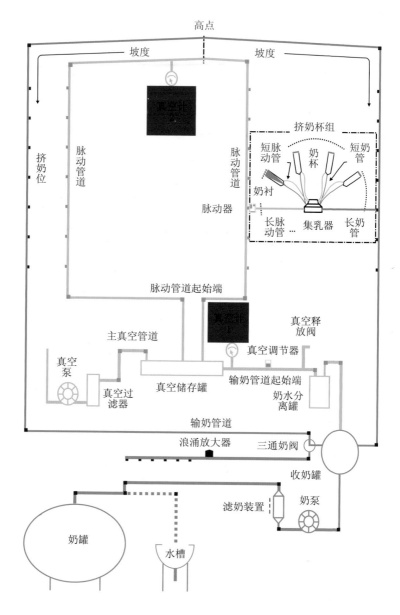

图 2-1 挤奶系统基本结构图

气压强就等于水银柱产生的压强，这就是著名的托里拆利实验。标准大气压为：$1.013 \times 10^5 Pa$（帕斯卡），等于760mmHg（毫米汞柱）。大气压强国际上通常用千帕表示，但美国则用汞柱高低的英寸数量来表示。相信初中的物理老师当年一定会在课堂上反复陈述过这一经典概念。根据气候状况，大气压变动于98千帕至103千帕之间。海拔每增高1000米（约3300英尺），气压减少12千帕。

3.什么是表压？

当测量压强时，我们真正测量的是实际压强与大气压的差值。如图2-4：20千帕（6英寸汞柱）的表压是指实际压强比大气压高20千帕（+6英寸汞柱）。"表压"在真空行业特指：用普通真空表（相对压力表）测得的气体相对压力值，用负数表示，是指被测气体压力与大气压的差值。也叫负压。

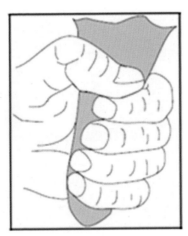

图2-2 人工挤奶：藉助手指对乳头外部施加压力而使乳头内部乳头乳池压力增高，乳汁顺利流出

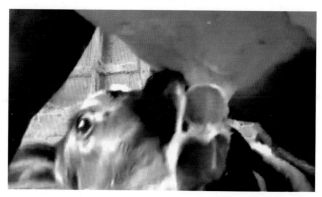

图 2-3　犊牛自然哺乳：对乳头外部施加压力，但主要依赖吸吮制造真空而使乳头外部压力低于乳头内部乳头乳池的压力，乳汁顺利流出

图 2-4　罐中压强高于大气压 20 千帕（+6 英寸汞柱）

4. 什么是真空（也称真空或真空压）？

当压强小于大气压时就产生了真空。如图 2-5：当罐内真空为 27 千帕（－8 英寸汞柱）时，意味着这个罐中的压强比大气压低 27 千帕（－8 英寸汞柱）。由于大气压接近 100 千帕（30 英寸汞柱），所以不可能创造出高于 100 千帕（30 英寸汞柱）的真空环境。

The difference on the mercury column shows the gauge pressure in the tank.

图 2-5　罐中压强比大气压低 27 千帕（-8 英寸汞柱）

四、如何监测挤奶系统真空？

一般应用真空监测计来监测挤奶系统真空，目前有 3 种不同类型。

1. 转盘式真空计

由于价格便宜和结构简单，转盘式真空监测计在挤奶系统最为常用，在我国绝大多数早期建立的奶牛场挤奶厅均可看到。监测计通常标示的测量间距是 2 千帕，或 0.5～1.0 英寸汞柱，参见图 2-6。为了保证精确，必须定期进行检查和校正。

2. 数码式真空计

图 2-6　转盘式真空计：外圈红色字体显示千帕读数；内圈黑色字体显示汞柱读数

与转盘式真空计相比较，数码式真空监测计更精确和更容易读数，但价格也相对昂贵，参见图 2-7，近年来我国新建奶牛场基本配置数码式真空计。由于数码式真空计的精确度有时也会降低，所以亦必须定期检查和校正。

图2-7　数码式真空计：具有千帕和汞柱两种读数，并可相互转换

3.水银真空计

　　原则上来说，水银真空计是监测真空度最精确的仪表，因而常被用来校正其他类型的真空计；美国医院门诊常年坚持使用水银汞柱式血压测量计就是这个道理，因其准确性和稳定性较高于其他类型血压测量计。不过，在奶牛场环境下，由于水分在仪表U形管内时常凝聚，同水银混在一起，所以有时读数并不可靠；再者，U形管脏污后会影响仪表读数的清晰度，不易辨认。最为重要的是，水银有可能会污染原奶和奶牛场周边环境，因而发达国家许多奶牛

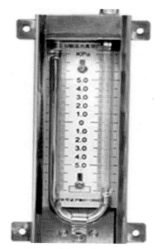

图8　水银真空计：注意U形管，左侧红色汞柱位置显示35千帕

养殖区域已有规定禁止使用水银类监测仪表包括水银真空计，参阅图2-8。

五、真空监测计应安装在挤奶系统何处？

　　无论采用何种挤奶系统，都应将真空监测计安装于易观察处。

一般情况下安装两个，其中一个安装于靠近真空泵处，即输奶管道起始端；另外一个则安装于脉动管道远端，参阅图2-1和图2-9。常规挤奶时应注意这两个真空计读数是否一致，如果偏差太大，那应该及时积极寻找原因并尽快纠正。前述图2-1挤奶系统基本结构图，初次学习时可能有一定困难和感觉抽象，建议奶牛场当值临床兽医主动多去自己负责的奶牛场挤奶厅观察，逐一识别各部件，本书后续章节对这些部件功能和工作原理均会有所介绍。就本章而言，只希望大家弄明白什么是真空？挤奶系统为什么需

图2-9　第一真空计的安装位置
R=真空调节器；H=输奶管道起始端；
G=转盘式真空计；M=水银真空计
（用以校正转盘式真空计）

要真空？真空计应安装在挤奶系统何处？为什么？

六、本章问题

1. 手工挤奶的原理是什么？

2. 机械挤奶的原理是什么？

3. 哺乳犊牛吸吮母奶的原理是什么？

4. 挤奶操作流程到位，催产素适时足量释放：

　　1）哪项最重要的奶牛本身因素还会影响奶流速度？

　　2）哪项最重要的物理机械因素还会影响奶流速度？

5. 挤奶期间，造成乳头末端血流增多的主要因素是什么？

6. 挤奶期间，促使乳头末端积聚血流移除的主要因素是什么？

第三章 脉动器为什么是挤奶系统核心部件之一？其工作原理又是什么？

为使奶牛场临床当值兽医能够较好理解"脉动器为什么是挤奶系统核心部件之一？其工作原理又是什么？"我们首先需要再次温习一下奶牛乳头解剖构造及其生理功能，然后再讨论脉动器有关细节。

一、为什么要理解奶牛乳头解剖构造及其生理功能？

乳头是连接奶牛乳房和挤奶机的重要通道，也是牛奶流出的必经之地，同时亦是乳房炎致病微生物进入的门户。乳房炎的发生绝大部分是由致病微生物经乳头孔侵入乳房所致（乳房炎致病微生物中只有支原体和藻类原膜菌可经血源途径感染乳房），由外伤和其他原因引起的乳房炎很少。因此，乳头解剖构造和健康状况的变化直接关系着挤奶效率和乳房炎发病率的高低。

乳头乳池通过乳池环状摺叠与乳腺乳池相连。这些摺叠有时会堵塞牛奶流出的通路，尤其是在挤奶即将结束奶杯上爬至乳头基部时最易发生（图3-1）。

由于乳头组织富含大量神经和毛细血管，所以极其敏感。如果挤奶系统功能欠佳，就会影响挤奶过程而致乳头组织有所变化，常见状况就是脱杯后发现乳头肿胀（图3-2）或颜色改变（图3-3）。

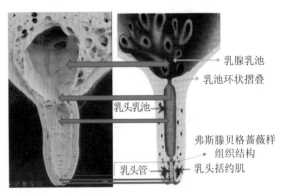

图 3-1 乳头结构示意图

乳腺乳池
乳池环状摺叠
乳头乳池
弗斯滕贝格蔷薇样
组织结构
乳头管
乳头括约肌

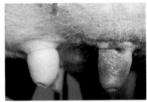

图 3-2 脱杯后乳头呈现肿胀

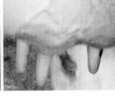

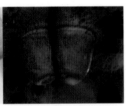

图 3-3 脱杯后乳头皮肤颜色呈紫色

对大多数奶牛而言,乳头管长度在 8 毫米到 15 毫米之间;当开启时,其有效直径是 2 毫米(误差范围在 0.5 毫米之间)。弗斯滕贝格蔷薇花瓣样组织结构位于乳头管内口周围,向乳头乳池呈辐射状;为乳房抵御病原体侵入的物理屏障之一,但并不影响牛奶流出乳头。乳头括约肌包裹乳头孔,其生理功能是在挤奶间隔期间(或哺乳犊牛吸吮哺乳间隔期间)使乳头管紧密闭合,从而阻止漏奶和防止病原体侵入;乳头管在挤奶结束后(或哺乳犊牛停止吸吮后)1~2 小时方可完全闭合。

角蛋白是附衬在乳头管内部的一层蜡状物质,其可封塞乳头管,就像是两块涂了黄油的面包片粘合在一起那样。这些角蛋白层还能机械性地诱捕入侵病原体,从而阻止它们向乳头乳池和乳腺乳池上行迁移。多达 40% 的角蛋白细胞和被诱捕病原体在日常挤奶过程中被清除，因而保障了乳头管内的病原体数量始终维持在较低水平（图 3-4）。

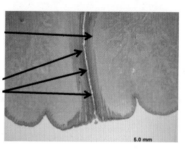

乳头管全部被覆角蛋白"栓"。

活跃的厚表皮产生角蛋白栓。

图 4　角蛋白位置及其重要生理功能

　　理解了以上所述，就会自然意识到：维持乳头管角蛋白分泌量和清除量动态平衡是奶牛机体防御病原体侵入乳房内部至关重要的机理。脉动器系挤奶系统维护乳头末端完整和乳头组织良好健康状况并保证顺利高速完成挤净奶功能方面不可或缺的重要部件之一，我们将在本章下述部分予以阐明。

二、挤奶系统挤奶期（即脉动器 B 相）的特点是什么？

　　在人工挤奶时，乳头乳池内的压力迫使乳头管开放。而在挤奶系统挤奶期（1/2 脉动器 A 相 + 脉动器 B 相 +1/2 脉动器 C 相：我们随后解释什么是 A 相、B 相和 C 相），当乳头进入奶杯内衬时，便会被真空吸住。乳头壁内外的压力差促使乳头伸展，并且肿胀得像气球一样。肿胀的乳头占据着奶杯内衬内室（与短奶管连接），并且继续伸长。乳头壁的伸展拉扯着乳头管开放，从而使牛奶可以流出。乳头管直径和真空水平都能影响奶流速度（图 3-5）。

　　在哺乳犊牛吸吮母乳时，两种机制发挥协同作用，乳头内有压强，乳头末端有真空度。不过，当哺乳犊牛学会使用人工乳头（例如硬橡胶乳头）时，它们只会吸吮（即人工乳头内无压强存在）。

但是，挤奶系统挤奶期（即 1/2A 相 +B 相 +1/2C 相）对乳头末端产生的真空度也有不利影响。众所周知，血液和淋巴液也属于细胞外液，在乳头组织内循环流动。发生在乳头末端的真空度会减慢血液和淋巴液的回流速度，从而使乳头壁出现肿胀发红，乳头管口径缩小，奶流速度相应降低。这种血液聚集称为充血，而淋巴液聚集则称为水肿。即使在最佳挤奶状况

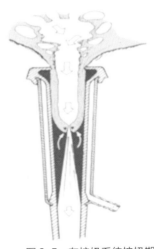

图 3-5　在挤奶系统挤奶期（1/2A 相 +B 相 +1/2C 相），牛奶流出

下也会出现轻微充血和水肿。欠佳的挤奶状况会导致乳头过度充血和水肿，使乳头在挤完奶后呈现肿胀、坚硬和发红（图 3-6）。

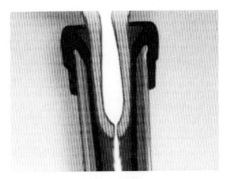

图 3-6　乳头肿胀会使奶流速度降低

三、挤奶系统休息期（也称按摩期，即脉动器 D 相）的特点是什么？

只有保证乳头末端血液和淋巴液的正常循环才能消除挤奶期乳

头出现的充血和水肿，这即是挤奶系统休息期的主要功能；休息期也称按摩期（脉动器 D 相，我们随后解释什么是 D 相）。在挤奶系统休息期，由于脉动室俗称奶杯内衬外室（指奶杯内衬外壁和奶杯外壳内壁之间的空间）内几无真空，大气压力使奶杯内衬内壁向乳头末端部位推挤，这种推挤产生的机械力迫使乳头管关闭，奶流停止，并且使聚集的血液和淋巴液离开乳头末端返回乳腺，故这一阶段也称按摩期（图 3-7 和图 3-8）。目前所有的挤奶系统均通过脉动器功能来实现挤奶期和按摩期周而复始、交互快速转换，藉以完成高速挤奶。

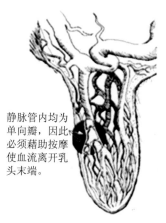

静脉管内均为单向瓣，因此必须藉助按摩使血流离开乳头末端。

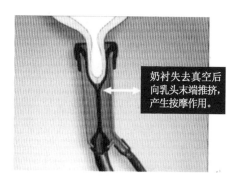

奶衬失去真空后向乳头末端推挤，产生按摩作用。

图 3-7　挤奶系统按摩期使聚集的血液和淋巴液离开乳头末端返回乳腺

图 3-8　在挤奶系统按摩期（脉动器 D 相），乳头末端血液和淋巴液循环得到改善

四、脉动器的工作机理是什么？

同道们需要再次温习一下什么是脉动室（奶衬外室），然后方可透彻理解脉动器的工作原理。简单说来，脉动室是指奶杯橡胶奶衬（天然橡胶材质或硅胶材质）外壁与奶杯外壳内壁（塑料材质或不锈钢材质）之间的那部分空间。脉动室中周而复始不同水平的真空度

变化使奶杯奶衬发生规律性扩张和推挤活动，使挤奶系统交互执行挤奶和按摩功能；控制脉动室真空度变化的部件就是脉动器。其工作原理如下（图3-9）：

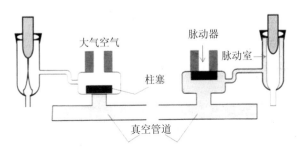

图3-9　脉动器的工作原理

1. 挤奶系统挤奶期

本期初始，脉动器将脉动室和脉动真空管道开通，使脉动室真空度升高；当奶杯奶衬内室和脉动室两边的真空度相近时，奶杯奶衬将会张开使牛奶流出。

2. 挤奶系统休息期（按摩期）

本期初始，脉动器使大气空气进入脉动室。当脉动室中大气的压强超过奶杯奶衬内室的空气压强（也就是奶杯奶衬内室的真空度水平）时，乳头下方的奶杯奶衬开始闭合发挥按摩作用。

注意图3-9右侧脉动器柱塞完全封闭大气空气进入，脉动室与真空管道连通，脉动室真空度升高，最终导致牛奶流出；但图左侧脉动器柱塞完全封闭真空管道，开放大气空气进入，脉动室大气空气压强超过奶杯奶衬内室真空度水平，使奶杯奶衬内壁朝乳头末端方向推挤产生按摩功能。

五、反映脉动器特点的两项数值各是什么?

1. 脉动频率

脉动频率是指1分钟内脉动周期的次数。当脉动频率为每分钟

60 次脉动周期时，奶杯奶衬每秒都要开启和闭合 1 次。对泌乳牛使用脉动频率从每分钟 45 ～ 70 次脉动周期不等，但每分钟 60 次脉动周期是最常见的。泌乳动物种类不同，推荐使用的脉动频率也不同：山羊的脉动频率应为每分钟 90 次脉动周期，而绵羊则应为每分钟 120 次脉动周期。

2. 脉动比率

脉动比率是指在每次脉动周期中各相（即各时长）所占时间的比例：脉动比率分为：A 相、B 相、C 相和 D 相，参见图 3-10。通常：A 相 +B 相 = 挤奶阶段；C 相 +D 相 = 休息阶段（按摩阶段）。60% 的比率经常称作 60 ：40，40 是指休息阶段所占一个脉动周期时间的比率。脉动比率从 50%（50 ：50）到 70%（70 ：30）不等。最常见的比率是 60% 即 60 ：40（挤奶阶段占 60% 的脉动周期时间，而休息阶段占 40% 的脉动周期时间）。

脉动器基本常识
（真空压数值为英寸汞柱）

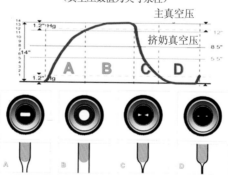

A 相：真空开启，脉动室内真空压升高直至奶衬内外两侧真空压相似；奶衬由闭合到逐渐开放。
B 相：奶衬完全开放，真正意义的挤奶阶段。
C 相：奶衬关闭，大气空气进入脉动室内直至真空压降至使奶衬内壁包裹推挤乳头（按摩作用）；奶衬由完全开放到逐渐闭合。
D 相：脉动室内真空压与大气空气压相似，奶衬完全闭合，真正意义的休息阶段。

图 3-10　脉动器的 A 相、B 相、C 相和 D 相

脉动比率较高时，奶流速度上升，参见表 3-1。然而，如果休息阶段过短，那就没有足够时间来缓解乳头充血和水肿，从而有可能损伤乳头而致其抗感染能力降低。

如果采用 65% 或更高的脉动比率，那么对脉动器的常规检查和维护就格外重要。此外，还应确保优异挤奶操作流程到位和自动脱杯设定合理，保证乳头套杯前充分被刺激和挤奶末期及时脱杯，藉以避免过挤现象。

表 3-1　脉动比率对奶流速度的影响

脉动比率	50：50	60：40	70：30
奶流速度 /（公斤 / 分钟）	4.6	5.1	5.9

六、脉动器有哪几种类型?

1. 气动脉动器

顾名思义，气动脉动器无电子自动控制功能，其在小型牧场仍继续使用。由于气动脉动器含有许多移动元件，所以需要更频繁的维修工作。与电磁脉动器相比，它不够精确和可靠，属于被淘汰产品，故在此不赘述（图 3-11）。

图 3-11　气动脉动器

2. 电磁脉动器

电磁脉动器现时很常见，其反复发出电子脉冲信号输送电流至电磁铁，从而规律性激活活塞/膜片开启或关闭真空。目前有3种类型的电磁脉动器在使用。旧式电磁脉动器系统常需装置机械控制器来运行所有单个的脉动器，眼下这些过时的系统大多数已被新型电子脉动器系统代替。新型电子脉动器系统有两种类型，效果均很好。其一为中央控制器电子脉动器系统，其中央控制器以相同方式发出脉冲电子信号来运行每个脉动器（图3-12）。其二为独立电子脉动器系统，即每个脉动器内部都设有控制器来运行本身的脉动周期功能（图3-13）。由于这两种新型脉动器系统的信号均以电子形式产生，所以在大多数情况下可以很容易地调整脉动频率和比率。

图 3-12 中央控制器电子脉动器系统

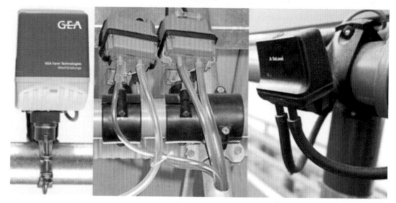

图 3-13 独立电子脉动器系统

七、什么是同步脉动器和异步脉动器？

同步脉动器使四个奶杯奶衬一起开放和闭合，脉动周期是一致的，挤出的牛奶从四个乳区同时流入集乳器中；其结构亦相对简单，同步脉动器到集乳器只有一根脉动管连接。而异步脉动器则有两根脉动管连接，交替使两个奶杯奶衬开放而其余两个关闭，挤出的牛奶每次只能从两个乳区流入集乳器中，这样可避免挤出的牛奶从小型集乳器溢出（图 3-14）。目前异步脉动器似乎更受制造商和奶牛场的青睐。

异步脉动可从一侧两个乳区到另一侧两个乳区，也可从前面两个乳区到后面两个乳区。由于后面两个乳区产奶较多，为确保高速同时挤净四个乳区，现在对前后异步脉动器脉动比率的设置往往是：后面两个乳区的比率设为 60：40，前面两个乳区的比率可以设为 55：45。务必注意将异步脉动器的脉动管路正确连接，否则，连接错误就会导致前面两个乳区脉动比率过高而造成过挤现象。在使用异步脉动器时，为避免两个奶杯奶衬闭合时正好另外两个奶杯奶衬开启，不建议对所有乳区均使用 50% 脉动比率。"非谐"系指异步脉动器的两个脉动器之间脉动比率的差异，其值以百分率表示。举例解释：假如其中一个脉动器的脉动比率为 60：40，另一个为 62：38，则"非谐"值为 2%，一般要求不可超过 5%。

图 3-14　同步脉动器（左）和异步脉动器（中和右）

八、如何检测脉动器？

即使最好的脉动器有时也会出问题，所以每半年左右应检查一次脉动器。应使用专业真空/脉动检测仪，其可以精确测试出每个脉动室中真空度的变化，并打印出每个脉动器的钟形曲线图和评估专用报告（图3-15）。新近，采用蓝牙技术开发出的真空/脉动仪亦在国内开始使用（图3-16）；蓝牙技术是爱立信、IBM等5家公司在1998年联合推出的一种短距（10～100米）无线网络技术，它可将各种通信设备、计算机及其终端设备、各种数字数据系统、甚至家用电器采用无线方式连接起来；蓝牙技术真空/脉动仪优于传统真空/脉动仪如下：

（1）灵便轻巧，防水核心检测部件9厘米（长）×6厘米（宽）×3厘米（厚）=162厘米^3；换言之，该容积相当于盛水162毫升的水杯，总重量85克；

（2）检测期间无须人员值守；

（3）远程计算机或手机可自动生成分析结果。

通常检测脉动器的脉动频率、脉动比率、脉动室真空度、非谐值等，参见表3-2。

图3-15 使用专业真空/脉动仪检测脉动器　　图3-16 新近开发应用蓝牙技术的真空/脉动仪

表 3-2　脉动器各项特性的标准值和推荐值

各项特性	标准值	推荐值
频率	45 ～ 65 个脉动周期 / 分钟（±3 个脉动周期 / 分钟）	60 个脉动周期 / 分钟（≤1 个脉动周期 / 分钟）
比率	50% ～ 70%（≤ 5%）	60% ～ 65%（≤ 1%）
A 相	……	100 ～ 180 毫微秒（≤ 20 毫微秒）
B 相	≥ 30%	480 ～ 550 毫微秒（≤ 20 毫微秒）
C 相	……	100 ～ 180 毫微秒（≤ 20 毫微秒）
D 相	≥ 15% 和 150 毫微秒	200 ～ 250 毫微秒（≤ 20 毫微秒）
非谐值	≤ 5%	≤ 1%
真空度	脉动器和接收罐之间的真空度之差不宜超过 2 千帕；在 B 相和 D 相，真空度变动不应该超过 4 千帕；挤奶期真空度应设定在 35 ～ 42 千帕之间。	

　　表 3-2 中并没有列出 A 相和 C 相的标准值。即使将来需要更深入的研究来证实 A 相和 C 相目前的推荐值是正确的，但当前至少仍然可以说 A 相和 C 相对挤奶持续时间和乳头状况均有影响。当然，脉动管长短和口径大小、脉动室容积以及奶杯奶衬两侧真空度水平都会影响 A 相和 C 相时长。另外，同步脉动器的 A 相和 C 相持续时间一般也会较长些。若平日不注意维护脉动器，A 相和 C 相持续时间亦会延长。现在业已了解：如果真正理解了脉动器的工作原理，那么就能推断出调整脉动器脉动频率和比率均不可影响 A 相和 C 相的时长。

　　任何奶牛场装置的脉动器，其特性值均应与表 3-2 中的值相对应。这些标准是国际标准化组织（International Standards Organization，ISO）和美国农业工程学会（American Society of Agricultural Engineers，ASAE）所采用的官方值，这些推荐值被广泛认可为脉动器的理想值。检测脉动器时，如果其各项特性处于推荐值范围之内，那么这个脉动器一定运行得不错。不过，如果该脉动器各项特性符合标准值但不符合推荐值，那么这个脉动器也可能运行良好。一些生产商有时会推荐与表 3-2 中相异的数值。如果检测结果与生产商推荐的数值不同，那说明脉动器可能需要进行维修。此外，检测气动脉动器将会发现更难满足推荐值要求。总而言之，检测一个脉动器如发现其某些特性不符合标准值，那就应该立刻进行修复或更换。这儿要特别提醒的是：即使脉动器功能完美无缺，也不一定就能实现对乳头末端的充足按摩。如欲对乳头末端实现充足按摩，还取决于奶杯奶衬质量和乳头性状。奶杯奶衬必须能够包裹乳头实施按摩；而乳头则必须大小适中，过长或过短效果都不会太好。

九、如何分析脉动器检测报告？

每个脉动器检测完毕后总会生成一个钟形曲线图和其特性数值，我们以下举几个实际例子来说明如何分析脉动器检测报告。

1. 实例1

如图3-17所示，尽管脉动器A和脉动器B的脉动频率和脉动比率完全一致，但如果仔细分析两者的A相、B相、C相和D相，就会明显发现脉动器B的B相值和D相值过低。据此，初步认为脉动器A基本正常，而脉动器B则需要修复或更换。

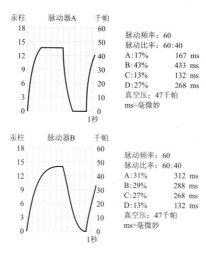

图3-17　脉动器A检测结果与脉动器B检测结果有什么不同？

2. 实例2

如图 3-18 所示，B 相值太低，A 相值太高（真空开启和升高过程太慢），结果将显著造成挤奶持续时间较长；这是脉动器柱塞顶部橡胶元件破损所致。

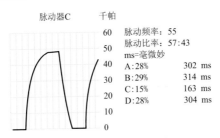

脉动器C   千帕

脉动频率：55
脉动比率：57:43
ms=毫微妙
A:28%   302 ms
B:29%   314 ms
C:15%   163 ms
D:28%   304 ms

图 3-18　分析脉动器 C 检测结果能发现什么问题？

3. 实例3

如图 3-19 所示，脉动器 D 和 E 的数值来自同一个奶牛场，尽管脉动器 D 和脉动器 E 的脉动频率和脉动比率完全一致，但如果仔细分析两者的 A 相、B 相、C 相和 D 相，就会明显发现脉动器 E 的 B 相值和 D 相值过低，而 A 相值和 C 相值过高，这并不是由于电子元件损坏造成的，而是脉动管堵塞所致。

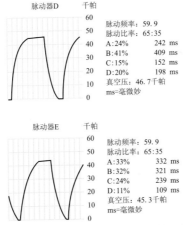

脉动器D   千帕

脉动频率：59.9
脉动比率：65:35
A:24%   242 ms
B:41%   409 ms
C:15%   152 ms
D:20%   198 ms
真空压：46.7千帕
ms=毫微妙

脉动器E   千帕

脉动频率：59.9
脉动比率：65:35
A:33%   332 ms
B:32%   321 ms
C:24%   239 ms
D:11%   109 ms
真空压：45.3千帕
ms=毫微妙

图 3-19　脉动器 D 检测结果与脉动器 E 检测结果有什么不同？

4. 实例4

如图 3-20 所示，脉动器 F 系电子异步脉动器。总体来说，两侧的功能均不错，但非谐值多少有些偏高。此外，右侧 A 相值和 C 相值两者均高于左侧，揭示平日维护保养工作较差。

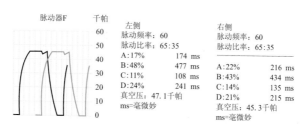

脉动器F　千帕
60
50
40
30
20
10
0

左侧	右侧
脉动频率：60	脉动频率：60
脉动比率：65∶35	脉动比率：65∶35
A：17%　　174 ms	
B：48%　　477 ms	A：22%　　216 ms
C：11%　　108 ms	B：43%　　434 ms
D：24%　　241 ms	C：14%　　135 ms
真空压：47.1千帕	D：21%　　215 ms
ms=毫微妙	真空压：45.3千帕
	ms=毫微妙

图 3-20　如何评价左右两侧的脉动器？

5. 自动分析脉动器检测结果

如图 3-21、图 3-22 所示，新型真空 / 脉动仪均可自动分析脉动器检测结果，这既提高了工作效率，也减少了人工分析的误差和不客观。

Galesville South
Pulsation System Analysis

Analysis performed by:　Jerry Joanis

Test Date: 11/2/2009

Wednesday, December 30, 2009

Unit	Status	Time		Rate	Ratio	A	B	C	D	Vacuum	
1	OUT OF TOLERANCE	11:09 AM	Channel 1:	55	61:39	183	488	117	304	12.9	✗
			Channel 2:	54.9	61:39	191	479	121	302	12.9	
2	GOOD	11:08 AM	Channel 1:	55	61:39	187	483	114	307	12.9	✓
			Channel 2:	55	61:39	179	492	113	308	12.9	
3	GOOD	11:07 AM	Channel 1:	54.9	61:39	181	484	116	312	12.8	✓
			Channel 2:	55	61:39	180	485	120	307	12.8	
4	GOOD	11:05 AM	Channel 1:	55	61:39	185	480	118	309	12.8	✓
			Channel 2:	54.9	61:39	182	483	116	312	12.8	
5	GOOD	11:04 AM	Channel 1:	55	60:40	173	487	115	317	12.8	✓
			Channel 2:	55	60:40	177	483	114	318	12.8	
6	GOOD	11:03 AM	Channel 1:	55	60:40	177	483	114	318	12.8	✓
			Channel 2:	55	60:40	180	480	119	313	12.8	
7	GOOD	11:02 AM	Channel 1:	54.9	61:39	175	490	114	316	12.8	✓
			Channel 2:	55	61:39	171	490	115	316	12.8	
8	GOOD	11:00 AM	Channel 1:	55	61:39	178	485	114	316	12.8	✓
			Channel 2:	54.9	61:39	172	490	115	316	12.8	
9	GOOD	10:10 AM	Channel 1:	55	61:39	172	491	112	317	12.7	✓
			Channel 2:	55	61:39	169	498	114	311	12.7	
10	GOOD	10:08 AM	Channel 1:	55	61:39	170	492	112	318	12.7	✓
			Channel 2:	55	61:39	168	499	113	312	12.7	
11	OUT OF TOLERANCE	10:55 AM	Channel 1:	55	61:39	171	494	114	313	12.8	✗
			Channel 2:	58.3	60:40	169	449	94	317	12.8	

图 3-21　新型真空 / 脉动仪自动分析脉动器检测结果：绿色表示通过，红色说明有问题

BioControl Pulsator Test report

Customer
Henk Leppink

Advisor
BioControl

Test Date   2013-05-30

Pulsator Nr.	Chan	Rate (bpm)	Ratio	A (%msec)	B (%msec)	C (%msec)	D (%msec)	Vmax (kPa)	Limp	Dip
1	1	59,8	60,2 : 39,8	9,6 96	50,6 508	9,8 98	30,1 302	43,6	0,0%	
1	2	59,8	60,1 : 39,9	9,8 98	50,3 505	9,9 99	30,0 301	43,6	0,0%	
2	1	59,8	60,1 : 39,9	9,6 96	50,5 507	10,0 100	29,9 300	43,6	0,1%	
2	2	59,8	60,3 : 39,7	10,0 100	50,3 505	10,1 101	29,7 298	43,5	0,1%	
3	1	59,8	60,3 : 39,7	9,8 98	50,5 507	10,0 100	29,8 299	43,5	0,9%	
3	2	59,8	61,1 : 38,9	9,9 99	51,2 514	10,0 100	28,9 290	43,5	0,9%	
4	1	59,8	60,3 : 39,7	9,9 99	50,4 506	9,9 99	29,9 300	43,6	0,0%	
4	2	59,8	60,2 : 39,8	9,7 97	50,5 507	9,9 99	29,9 300	43,6	0,0%	
5	1	59,8	60,1 : 39,9	9,8 98	50,3 505	10,0 100	30,0 301	43,7	0,0%	
5	2	59,8	60,0 : 40,0	10,4 104	49,7 498	9,7 97	30,3 304	43,6	0,0%	
6	1	59,8	60,5 : 39,5	10,0 100	50,5 507	10,8 108	28,7 288	43,6	0,4%	
6	2	59,8	60,2 : 39,8	10,0 100	50,2 504	10,5 105	29,4 295	43,5	0,4%	

图 3-22　蓝牙技术真空 / 脉动仪自动分析脉动器检测结果：红色说明有问题

十、脉动器最容易什么地方出问题？

图 3-23 示脉动器最易出问题的地方。此外，脉动器电子控制阀接触不良，或柱塞失去磁性等也会造成脉动器功能异常。图 3-24 示国内多家奶牛场挤奶厅现场发现的短脉动管破裂。

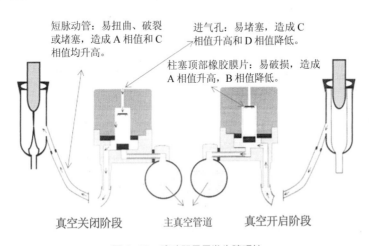

短脉动管：易扭曲、破裂或堵塞，造成 A 相值和 C 相值均升高。

进气孔：易堵塞，造成 C 相值升高和 D 相值降低。

柱塞顶部橡胶膜片：易破损，造成 A 相值升高，B 相值降低。

真空关闭阶段　　　主真空管道　　　真空开启阶段

图 3-23　脉动器最易发生障碍处

图 3-24　国内多家奶牛场现场发现的短脉动管破裂

就本章要点而言，大家只要记住：脉动器是挤奶系统重要部件之一；其主要功能是保护乳头末端在挤奶过程中不受损伤；应定期检测和维护脉动器，并使其各项特性符合要求。

结束本章前，发达国家脉动器专家告诉我，目前最新研究证实：C 相应设为 40～80 毫微秒；不应只对乳头末端实施按摩，还需要奶杯内衬瞬间包裹乳头进行整体按摩；避免传统按摩对乳头末端挤压而致黏附在乳头孔的细菌被推入乳头乳池。该领域资深领军者认为，现时广泛应用的脉动器也许是某些管理良好的奶牛场乳房炎发病率仍高居不下的潜在罪凶。因此，需要研发新一代脉动器。

十一、本章问题

1. 下图显示与脉动真空管道连接的两个电磁脉动器，其中一个处于挤奶初始阶段，奶杯奶衬开启；而另一个处于休息初始阶段，奶杯奶衬关闭。请回答：

1）说明在这两种情况下哪个是挤奶阶段（M）？哪个是休息阶段（R）？

2）画出从乳头流出的奶流。

3）在处于真空压的奶杯奶衬内室里写一个"V"。

4）在处于真空压的奶杯奶衬脉动室里写一个"V"。

5）画出导致奶杯奶衬关闭的气流。

6）画出导致奶杯奶衬开启的气流。

7）通过脉动管的空气朝哪个方向移动？朝奶杯方向还是朝脉动器方向？

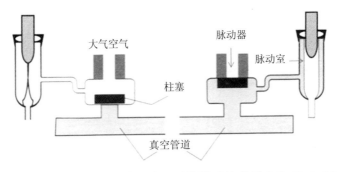

2.需满足下列哪些条件，才可以将脉动比率设定为 70 ： 30 ？

1）是否需要设置自动脱杯部件？

2）是否需要严格认真、一丝不苟地执行挤奶操作流程前处理环节？

3）在挤奶厅，每名员工需要负责 2×4 挤奶位抑或 2×16 挤奶位？

4）在拴系式牛舍，每名挤奶员工需要负责 3 个挤奶位抑或 8 个挤奶位？

第四章 挤奶杯组工作原理是什么?

挤奶杯组是挤奶系统最重要的部件之一,因为挤奶过程要在这里进行。在讨论挤奶杯组之前,我们应首先理解"集乳器(外形类似碗状)"内真空度是如何变动的。图 4-1 示挤奶杯组各组件名称和其相关位置。

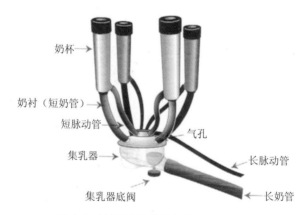

奶杯

奶衬(短奶管)

短脉动管

集乳器

气孔

长脉动管

集乳器底阀

长奶管

图 4-1 挤奶杯组各组件名称和其相关位置

一、集乳器内平均真空度

对奶牛来说,只有乳头末端的真空度才是有效的挤奶真空,但并不容易测量(图 4-2)。实践中,集乳器内真空度比较容易测量。目前,最先进挤奶杯组集乳器内真空度相似于乳头末端真空度。

挤奶过程中集乳器内平均真空度是最重要的测量参数之一。过低真空会降低奶流速，延长挤奶时间，造成过挤；奶流速过慢又会导致挤奶不完全或四个乳区不能全部挤净；真空度过低还会降低奶产量和增加乳头损伤，对本身泌乳速度就慢的奶牛来说更为明显。

图4-2 集乳器内平均真空度影响挤奶效果

另外，过低真空度也会增加奶杯滑脱和掉杯，这自然也会引发罹患乳房炎风险。相反，过高真空度将会增加乳头充血和水肿，也会增加对乳头和乳头末端的损伤。同时，过高真空度还会使奶杯爬升，损伤乳头基部，从而降低奶流速度，最终也会导致挤奶不完全。理想的集乳器真空度并不容易实现，一是因为集乳器内真空度随奶牛个体本身泌乳速度变化而变化，如在同一个奶牛场内，每头奶牛因泌乳速度不同而致集乳器内真空度数值也不同。二是因为即使在同一头奶牛的挤奶过程中也是不同的，如在奶流速峰值时真空度水平较低，而在挤奶末期阶段奶流速减缓时，真空度水平则较高。奶流速达到峰值时欲设定真空度不过低，而奶流速度减缓时真空度不过高这样一种两全其美、高效的真空度水平是十分困难的，对于高位挤奶系统（挤奶管道在牛体之上）来说更难做到。

二、集乳器内平均真空度多少为宜？

为对奶牛更轻柔、更完全、更快速地完成挤奶，国际上公认：对于大多数奶牛来说，在奶流速峰值时宜使集乳器内平均真空度水平达到 35～42 千帕（10.5～12.5 英寸汞柱）。当然也有人建议此时奶牛为 32～42 千帕之间，而绵羊和山羊在 28～38 千帕之间。在某些情况下，为更快完成挤奶，可建议将奶流速峰值期间集乳器内平均真空度水平调高超过 40 千帕（12 英寸汞柱）。如果挤奶操作流程前处理到位和自动脱杯设置恰当，并且没有过挤现象，那么不管是在挤奶初期阶段还是挤奶末期阶段，应用这种高真空度水平都不会有太大风险。如果挤奶系统属于低位型（挤奶管道在牛体之下），而且集乳器和挤奶管道之间物理障碍限制极少时，即使奶流速峰值期间真空度水平较高，峰值过后的这种高真空度水平也不会带来多大麻烦。当然，如挤奶操作流程欠佳且每头牛的流程难保持一致时，为安全起见，应将集乳器内真空度水平适当调低。

三、集乳器内真空度波动有几种类型？

正如我们先前所述，集乳器内真空度从来不会稳定，其随奶流速变化而变化。另外，集乳器内真空度也会瞬息发生变化。为了充分理解这些波动，我们将集乳器内波动分为以下 3 类进行描述：规律性波动、剧烈非规律性波动和系统性非规律性波动。

1. 规律性波动

图 4-3 示集乳器内真空度一秒钟内的规律性波动。从图 4-3 例 C 可见：挤奶过程中挤奶管道内的真空度水平保持稳定，但集乳器内真空度其实每秒都在波动。虽然集乳器内平均真空度是 33 千帕（10 英寸汞柱），但真空度在 27～39 千帕（8～11.5 英寸汞柱）之间波动；这是由脉动引致的正常规律性波动。例 C 脉动器属同步脉动器，通常会造成波动振幅较大的规律性波动：即集乳器内真空度在挤奶阶段较高，而在按摩阶段较低。但在图 4-3 例 D 中，由于脉动器是

异步脉动器，每秒由脉动引致两次正常规律性波动，但波动振幅较小。除脉动器外，规律性波动也受奶衬、短奶管和集乳器尺寸大小的影响。此外，乳头大小、奶流速度和通过集乳器进气孔进入空气的多少也会影响规律性波动的振幅。尽管现在尚不清楚规律性波动振幅较高对挤奶有怎样的负面影响，但目前均认可应努力保持真空度波动振幅少于10千帕。如果规律性波动振幅过高或过低，极有可能反映进气孔堵塞，或空气进入过量，或奶衬壁移动异常，或奶流不畅，等等。

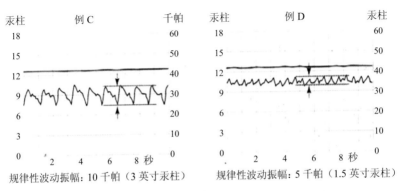

图4-3 例C和例D集乳器内真空度水平规律性波动的振幅

2.剧烈非规律性波动

与规律性波动相反，剧烈非规律性波动由偶发事件引发，属于非正常波动。如图4-4所示：挤奶管道内的真空度水平是稳定的，但集乳器内真空度从40千帕（12英寸汞柱）骤降至16千帕（5英寸汞柱），然后又重新升至44千帕（13英寸汞柱），这整个过程在1秒钟之内发生。集乳器内真空度剧烈非规律性波动一般由空气突然进入奶杯而致（即使进入少量空气），常发生在挤奶流程中套杯或脱杯，或挤奶期间奶杯滑脱时。这种类型的空气进入并不会影响挤奶管道真空度，但对奶牛乳头影响很大，与乳房内感染有密切联系。

3. 系统性非规律性波动

如图4-5所示，挤奶管道真空度从47千帕降至40千帕（从14英寸汞柱降至12英寸汞柱），结果造成集乳器内真空度从40千帕降至32千帕（从12英寸汞柱降至10英寸汞柱），这当然也属不正常。由于这类波动源自挤奶管道，故称为系统性非规律性波动；显而易见，这种类型的波动也会同时影响到其他挤奶杯组。挤奶管道内真空过度的波动会在几秒内使集乳器内真空度增高或降低，其对奶牛乳头的影响目前尚未清楚了解，但这种类型的波动至少会增加奶杯滑落的风险。还有，由于这种类型的波动只是偶尔发生，所以对集乳器内真空度应作较长时间测量和记录。一旦发现系统性非规律性波动，要进一步仔细检查挤奶管道内的真空度是否存在问题，我们将在后续章节中详细讨论挤奶管道和系统真空波动。

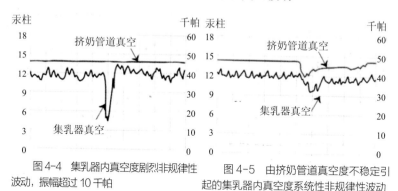

图4-4　集乳器内真空度剧烈非规律性波动，振幅超过10千帕

图4-5　由挤奶管道真空度不稳定引起的集乳器内真空度系统性非规律性波动

四、如何选择挤奶杯组？

每家奶牛场都希望自己的挤奶厅配置最佳集乳器，但由于奶衬的原因，最佳集乳器只能是平衡挤奶杯组各组件优缺点的折衷物（图4-6）。在选择挤奶杯组时，我们应考虑以下特点。

1. 奶流是否通畅和套杯容易？

如果牛群产量高和泌乳速度快，宜选择进奶口径和出奶口径均较大的集乳器，一般进奶口径为 10 ～ 12 毫米，出奶口径在 16 毫米以上。这样的特点会使挤奶快速顺畅，集乳器内不会出现奶溢满和飞溅等现象，而且也会减少乳区之间交叉感染。还有，当奶杯掉落时，可自动封闭短奶管，以避免空气进入。小型挤奶杯组操作轻便省力，套杯时进入空气较少。

2. 奶流是否清晰可见和外包装材料是否坚固不易破碎？

从透明的集乳器内，我们可以清晰地看到四个乳区的奶流，这有助于检视挤奶是否临近结束、是否存在血乳，以及哪一乳区奶量低，等等。挤奶系统如无自动脱杯设置，那集乳器的透视度更为重要。在大型奶牛场，由于挤奶厅长时间运转挤奶，宜选择更抗磨损的不锈钢集乳器。

3. 是否鲜见奶杯滑落和挤奶末期阶段奶杯无爬升现象而致乳头基部被挤压？

某些重量较轻的集乳器最大限度地减少了奶杯滑落，而较重的集乳器则在挤奶末期阶段不会向乳头基部爬升太多。如前所述，滑落和爬升均取决于使用的奶衬。通常，小腔室奶衬在轻型集乳器中要比重型集乳器中使用得多。不论乳房结构如何，应努力使挤奶杯组重量均匀分布在四个乳区上。挤奶杯组重量均匀分布可减少奶杯滑落和奶杯爬升现象。实践中，常采用重型奶杯结合轻型集乳器来做到这点。但选用轻型奶杯结合重型集乳器并不容易做到这点，这是因为长奶管、长脉动管和重型集乳器三者重量难以均匀分布，如还发生缠绕和拉扯，就会让挤奶杯组重量均匀分布到四个乳区上更加困难。某些挤奶杯组可能也极难适用严重下垂的乳房；某些也不适用乳头位置分离太开的乳房。也有研发人员尝试在集乳器内设置不同的"隔阀"或开发独立亚集乳器（即四个乳区奶流各有独自通路），以此来尽可能地减少当奶杯滑落时由于乳区间奶流逆流而致的相互交叉感染。尽管在试验条件下，这类集乳器的设计特点能降低感染，但在正常运营的奶牛场，还是往往难以应用。靠谱的解决方案仍是：较粗短奶管（分段式奶衬）和较大的集乳器出口。

4. 真空阀门是否可自动关闭和是否阻碍或泄漏真空？

集乳器上设置能关闭的阀门非常必要，理想阀门的性能是：当挤奶杯组掉落时，它能自动关闭；这在小型挤奶系统（小型真空泵或管道挤奶）中尤为重要。另外，在管道式挤奶系统（拴系式牛舍），自动关闭阀门除减少真空度非规律性波动外，还能阻止卧床垫料被吸入。一般而言，这种自动关闭阀门在开启时不应阻碍奶流；而在挤奶期间即阀门关闭时，又不能允许空气进入集乳器内。再者，某些自动脱杯装置中使用真空自动关闭阀门。

5. 集乳器进气孔大小和位置是否合适？

通常情况下，每个挤奶杯组的集乳器上都有一个进气孔，这个进气孔具有两个重要功能，一是使奶流与空气混合而最大限度地减少将奶流从集乳器转送到挤奶管道所需的压强差；二是缓解由脉动所致的规律性波动。进气孔大小一般被校正为每分钟允许 4～12 升气流进入挤奶杯组；对于泌乳速度较高的奶牛而言，宜调整为每分钟允许进入 8～12 升气流。某些挤奶杯组在四个挤奶杯和短奶管交接处均有一较小进气孔用以取代集乳器上的较大进气孔，这更有助于短奶管内奶流通畅。需对进气孔定期检查，以确保其不被堵塞或口径扩大。若进气孔被堵塞，则会造成集乳器内和长奶管内奶流溢满，也会导致集乳器内平均真空度水平下降。相反，如进气孔口径扩大或位置不佳，则会在奶流中增加许多泡沫，形成大量游离脂肪酸，造成奶味酸败。另外，奶流中有泡沫也会影响到计量器的精确性和自动脱杯设置内感应器的敏感度。除需定期检查进气孔外，还需要定期检查集乳器本身是否存在裂缝和垫圈损伤，这两种情况都会导致空气进入。

表4-6　种类繁多、功能各异的集乳器

五、如何评估挤奶系统挤奶杯组性能？

售后技术服务实践中常用表4-1所列各项来评估挤奶系统挤奶杯组性能；该表也可用来比较不同厂家挤奶杯组性能的优劣。同时，评估工作结束后，还需分别列出挤奶杯组各组件如集乳、奶杯、奶衬和奶管究竟存在哪些问题和如何解决。

表 4-1　挤奶杯组性能评估项目

挤奶杯组特征	差	中	优
是否经久耐用和可免维护？			
是否易于套杯而且套杯时无空气进入？			
是否无论乳房结构如何，挤奶杯组重量均可均匀分布在四个乳区上？			
是否可清晰检视奶流？			
是否能最大限度减少奶杯滑落？			
是否能快速完成挤奶？			
是否每一乳区均可挤净且无过挤现象？			
真空阀门可否自动关闭且不会造成任何真空阻碍或泄露？			

六、前述章节论述的主要重点有哪些？

完美恰当的挤奶取决于奶牛本身、挤奶系统功能和挤奶员工操作流程的相互作用。

1. 挤奶系统功能欠佳会造成哪些负面影响？

1）挤奶时间延长；

2）挤奶不完全和四个乳区不能全部挤净；

3）减少奶产量；

4）造成乳头损伤；

5）奶牛不舒适和挤奶员工工作效率低；

6）细菌容易侵入乳头；

7）临床和亚临床乳房炎发病率升高。

2. 挤奶系统功能正常的六大标志是什么？

1）通过奶衬有效运动给予乳头适当按摩；

2）提供精确和规律性脉动；

3）集乳器内平均真空度合适；

4）鲜见奶杯滑落；

5）挤奶杯组重量均匀分布在四个乳头上；

6）脱杯流量和时间设定合理。

七、本章问题

如图：挤奶管道真空度设置为 47 千帕（14 英寸汞柱），请大家回答以下两个问题：

1）A 例和 B 例中集乳器内平均真空度各是多少？

2）A 例集乳器内平均真空度会造成哪些后果？

3）B 例集乳器内平均真空度会造成哪些后果？

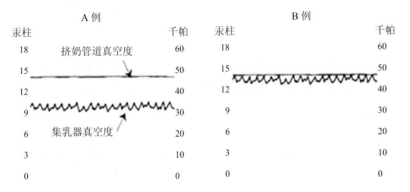

第五章　如何正确选择奶衬？

　　奶杯内套（也称奶衬）是挤奶系统中唯一与奶牛乳头接触的部件，是奶牛与挤奶系统之间的交互反应点。挤奶系统的任何改进、缺陷、故障或失灵均或多或少地传递到这里，影响奶杯内套的工作性能，继而作用于奶牛乳头，并导致或好或差的反应，产生不同的效果。而奶杯内套本身的质量与性能好坏更会直接影响奶牛的乳房健康与挤奶性能。因此，如何正确选择奶衬对泌乳牛群的整体健康和经济效益至关重要。

一、应该熟悉奶杯内套哪些基本常识？

　　（1）套杯后挤奶期间（也称附杯时间或挤奶时长），奶杯内套内一直处于真空状态，即奶牛乳头一直暴露于真空中；脉动室（奶杯外壳与内套外表面之间的夹层，参见图5-1）在脉动器控制下，真空度与大气压交替变换；脉动室真空时（工作相），内套内外作用力相等，乳头不受内套挤压，在真空吸力下向外排奶（俗称挤奶），同时血液和组织液涌向乳头；脉动室在大气压状态时（休息相），内套外表面受压力，乳头受内套挤压，乳腺封闭，不出奶（俗称按摩），并将血液和组织液压回；如此往复，延续整个挤奶时段。上述内套一系列动作的对象是具有精密组织结构而娇嫩的乳头，不言而喻，这自然需要达到动作温和、触感舒适、能促使并维持与奶牛良好互动，同时快速彻底挤出全部牛奶的功能。

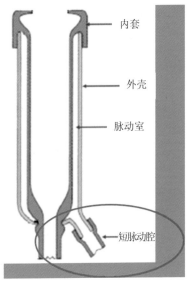

图5-1　奶杯示意图

（2）奶杯内套的使用或更换周期一般为2500头次，各制造厂商推荐的数值略有不同。如果设定（正常情况）：脉动频率60次/分钟，一个挤奶点每小时挤5头牛，一班挤奶7小时，清洗一次时间45分钟，可以计算出内套在其更换下来之前要开启闭合至少94万次。对于小牧场，这个数据可能更大。在如此多次开启闭合中，奶杯内套要始终如一地保持其弹性不变，同时始终保持表面光滑如新。

（3）奶杯内套直接与牛奶接触，需要符合食品生产的规范，因此每班挤奶后，都要使用70～80℃热水，按照一定比例兑成酸或碱清洗溶液，对包括内套在内的整个挤奶系统进行清洗，以保证良好的卫生状况。在如此严苛的热、酸、碱反复清洗下，在每天长时间奶脂浸蚀下，必须保证内套中没有任何有害物质、任何添加剂、任何味道被迁移或转移到牛奶中。

（4）一个看似简单的内套，要求却不少且苛刻，需要满足耐酸、耐碱、耐压、耐高温、保持弹性、抗老化、耐久性、食品安全等各方面要求，故而对材料要求非常高，不是任何一种单一材料可以满足的。目前，制造奶杯内套的原材料主要由聚合体和添加剂混合组成。聚合体有以下几种：天然橡胶（NR）、丁苯橡胶（SBR）、三元乙丙橡胶（EPDM）、硅橡胶等；添加剂有硫化剂、填充剂、增塑剂和抗衰保护剂等几种。通常制造厂商会按内套的不同性能要求选择多种原料组方，混合炼制成所需的橡胶原料。

二、什么是好内套？

前述内容业已述及什么是好内套，以下将换另一角度定义继续深入讨论这个问题。在挤奶系统工作正常和各项参数均符合要求的前提下，内套应满足如下要求。

1. 需要满足乳头末端真空度多少为宜？

当系统工作真空度为 42 千帕时，乳头末端真空度应稳定在 38～42 千帕。下奶快的奶牛在其奶流速达到峰值时，真空度值不应低于 36 千帕。挤奶开始阶段和低奶流速阶段，乳头末端真空度值不应超过 42 千帕，藉以避免过挤损伤乳头。此外，挤奶时，乳头末端真空度也不能低于 32 千帕，否则将降低挤奶速度，延长挤奶时间，也会对乳头末端造成损伤。

2. 需要满足内套口部腔室真空度多少为宜？

内套口部腔室（参见图 5-2 编号 3）处于奶杯口（参见图 5-2 编号 12）这个区域，当奶杯内套套上乳头时，形成一块封闭空间。由于内套这一段特殊结构，整个挤奶期间均无挤压乳头动作，因而无法将此处缘于真空所致积蓄的血液与组织液排走，即不具备"按摩"功能。所以，要求此处真空度不能太高；否则，轻则会使奶牛感觉不舒服和躁动，进而影响挤奶效率；重则将使乳头水肿和挤奶流速下降，甚至导致乳房炎的发生。正常情况下，内套口部腔室真空度为 9～15 千帕，各生产厂家不尽相同，这与内套设计、唇口硬度等关联。另一方面，口部腔室真空度也不可过低，研究表明，口部腔室真空度略高有益于奶杯稳定。

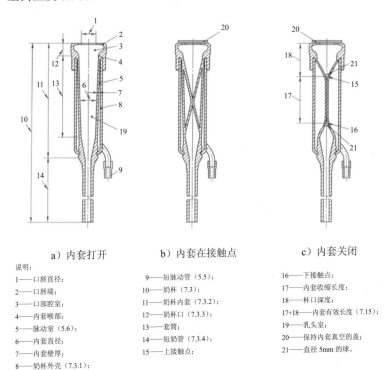

a）内套打开　　　　　　b）内套在接触点　　　　　c）内套关闭

说明：
1——口唇直径；
2——口唇端；
3——口部腔室；
4——内套喉部；
5——脉动室（5.6）；
6——内套直径；
7——内套壁厚；
8——奶杯外壳（7.3.1）；
9——短脉动管（5.5）；
10——奶杯（7.3）；
11——奶杯内套（7.3.2）；
12——奶杯口（7.3.3）；
13——套筒；
14——短奶管（7.3.4）；
15——上接触点；
16——下接触点；
17——内套收缩长度；
18——杯口深度；
17+18——内套有效长度（7.15）；
19——乳头室；
20——保持内套真空的盖；
21——直径 5mm 的球。

图 5-2　奶杯内套结构图和标准名称

3. 如何检测内套口部腔室真空度？

如图 5-2、图 5-3 所示，检测内套口部腔室真空度需使用专用仪器，通常与检测乳头末端真空度和挤奶杯组脉动功能在挤奶期间同步进行。

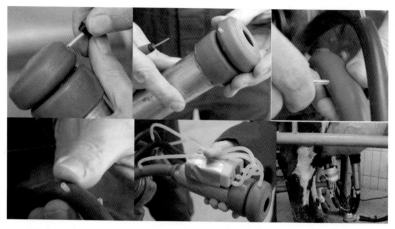

图5-3 左上分图和中上分图示在奶杯口部腔室临时植入将与真空度检测管连接的微型塑料接头；右上分图示在奶杯短奶管临时植入将与真空度检测管连接的微型塑料接头；左下分图示在奶杯短脉动管临时植入将与真空度检测管连接的微型塑料接头；中下分图示奶杯各点真空度检测管与微型记录盒连接；右下分图示挤奶期间进行奶杯各点真空度检测，无须现场派人监控，采集数据将以蓝牙方式发送给计算机或手机，并完成自动分析和给出分析报告

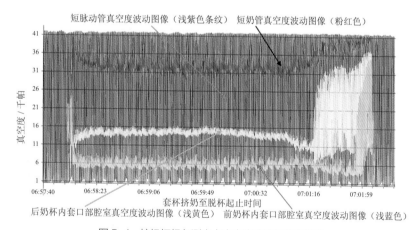

图5-4 挤奶杯组各测定点真空度波动的理想图像

4. 对奶衬材质、厚度、柔制性、弹性和抗老化性都有哪些要求？

挤奶系统在真空作用下吸奶按摩的过程，就是模仿犊牛用嘴吸奶的过程。内套物理性能应该足以避免乳头在这个过程中受到伤害，并且必须能够耐受挤奶2500头次（或制造厂商官方推荐值）或半年的使用时间，同时挤奶性能无明显下降。

5. 奶杯内套尺寸多大为宜？

内套尺寸应该与牛群大多数乳头适配，即内套筒体直径（参见图5-2编号6）与乳头直径基本接近，内套长度与设计应该保证乳头末端都能落在上下接触点区域中（参见图5-2编号15和16），最好留有富余空间，特别在下接触点方向，藉以达到较好挤奶与按摩效果；因为文献表明：套杯后正常挤奶期间乳头会因真空吸奶而被"拉长"40%～50%。

6. 为什么需要通过国际权威机构认证？

因内套与牛奶直接接触，故需要满足食品安全要求。是否真正安全？国际间的通行做法就是获得第三方权威机构认证。目前比较权威并常见的有BFR（The German Federal Institute for Risk Assessment：德国联邦风险评估所）和FDA（US Food and Drug Administration：美国食品和药物管理局）这两家机构，前者是德国标准，后者是美国标准。获得其中任何一家机构的认证，就意味着该内套与牛奶接触时不会释放出任何对人类健康有害的物质、不会改变牛奶性质成分、不会降低食品感官特性，如味道、气味与颜色等。

三、哪些因素将造成奶杯内套老化和如何应对？

随着内套使用时间增加、无穷无尽开启闭合、日复一日乳脂浸泡和高温清洗溶液冲刷，其形状、张力和表面状况均在逐渐发生改变，我们称之为内套老化。这些"老化"缓慢但持续一致地影响着内套的挤奶特性。在其达到极限使用寿命后，无论是内套表面还是挤奶特性，均迅速恶化。

1. 奶杯内套老化将带来哪些危害?

国外学者曾对奶杯内套老化将带来哪些挤奶特性变化专门做过研究。该研究在一单侧 4 挤奶位侧开门挤奶台上进行,共涉及 80 头泌乳牛,每天挤 2 次奶,连续运行 9 周,每天挤奶后(内套)立刻进行酸洗 / 消毒。挤奶台正在使用并不断老化中的内套定义为试验组,以挤奶头次值代表不同试验组,而一批与之相同批号的新内套则设为对照组。对照组内套在本研究开始时全是新换装的,整个研究过程均使用这些新内套。两套与挤奶台使用的相同挤奶杯组均在集乳器中安装了真空度传感器,用来测量真空度波动;亦在口部腔室安装真空度传感器测量真空度波动。在测试日,一个挤奶杯组安装上挤奶台使用的老化内套,而另一个挤奶杯组则使用新换装的内套。80 头泌乳牛中的 16 头奶牛,每当内套挤奶头次达到 840 头次、1680 头次和 2520 头次时采集数据:通过挤奶台安装的奶量计,可获得挤奶时长与牛奶产量等参数;将牛奶产量除以挤奶时长就可获得平均挤奶流速;同样,从奶量计输出的数据,亦可获得 30 秒平均奶流速最大值;通过真空传感器可测出挤奶过程中口部腔室内真空度和集乳器中真空度波动状况。经过数据处理,得出表 5-1,数据右上角标示星号者代表该数据具有统计学意义显著差异。

表 5-1　内套使用时间长短与挤奶性能变化的关系

记录项目	统计头数 16 头						统计头数 48 头	
	对照组	挤奶 840 头次	对照组	挤奶 1680 头次	对照组	挤奶 2520 头次	对照组总计	老化组总计
挤奶时长 / 分钟	8.6	9.3*	6.7	7.5*	8.8	9.4	8.0	8.7***
奶产量 / 公斤	25.2	24.6	20.2	21.3	19.9	20.7	21.8	22.2
平均奶流速度 / (公斤 / 分钟)	3.0	2.7	3.2	3.0	2.4	2.3	2.8	2.7*

记录项目	统计头数 16 头						统计头数 48 头	
	对照组	挤奶 840 头次	对照组	挤奶 1680 头次	对照组	挤奶 2520 头次	对照组总计	老化组总计
奶流速峰值 /（公斤 / 分钟）	4.7	4.1***	5.2	4.7***	3.9	3.5**	4.6	4.1****
口部腔室真空度 / 千帕	11	8.7**	10.1	8.8	9.7	8.6	10.2	8.7***
真空度波动 I	1	1	0	1*	0	1	0	1
真空度波动 II	1	4****	0	1*	1	2	1	2***
真空度波动 III	1	10****	0	3**	2	2	1	5****

*差异显著性水平备注：$P<0.05^{*}$；$P<0.01^{**}$；$P<0.001^{***}$；$P<0.0001^{****}$。

该研究再次表明，内套老化使一些挤奶关键特性变差，印证了之前许多类似研究的成果。综合多种文献资料，内套老化对机器挤奶的影响简括如下：

1）降低挤奶流速峰值；

2）降低平均挤奶流速；

3）增加挤奶时长；

4）增加乳头末端处真空度波动；

5）降低口部腔室真空度，这是缘于唇口漏气，最早在挤奶480头次时就有可能出现；

6）增高口部腔室真空度，这是缘于超过极限使用期时内套变形、筒体呈椭圆形和上下窜气增多所致；

7）脱杯后，奶牛乳房各乳区剩余奶量增加；

8）内套滑动漏气次数增加；

9）乳头末端状况恶化。

上述各项均可增加乳房炎发生风险。

2. 如何正确应对奶杯内套老化？

严格遵照一定标准，定期更换内套是解决内套老化最有效的方法。

1）为何需格外重视内套制造厂商或挤奶系统制造厂商推荐更换值？

各家内套制造厂商一般会依据其产品原料、制造工艺和试验结果设置一个恰当合理的内套更换周期，所以各家内套制造厂商的产品和同一制造厂商的不同类型产品的更换周期并不完全一样，我们需认真格外注意这些差异。内套更换周期单位是挤奶头次，为了使用方便，可将挤奶头次换算成天数，这样就可将内套更换日期标注在日历上，或输入带有日历的电子仪器中，藉以自动提醒。

① 计算公式：内套挤奶天数 = 总能力 / 总负荷（总任务）；

② 总能力 = 挤奶杯组（俗称挤奶点或挤奶位）数量 × 内套更换周期（头次）

③ 总负荷 = 牛群规模（上台挤奶牛头数）× 每天挤奶次数

我们以较常见更换周期 2500 头次为例来计算演示一下：

一家 1200 头泌乳牛（牛群规模）奶牛场每天挤 3 次奶（每天挤奶次数），挤奶厅有 40 个挤奶杯组（挤奶杯组数）。

① 总能力 =40 杯组 ×2500 头次 / 杯组 =100000 头次；

② 总负荷 =1200 头 ×3 次 / 天 =3600 头次 / 天；

③ 内套挤奶天数 =100000 头次 ÷3600 头次 / 天 =28 天。

有些人经常穷尽心思、想方设法试图从内套更换周期多延宕榨取几天时间，旨在节省一些费用。可这样做的结果往往是丢了西瓜捡了芝麻、得不偿失而蒙受以下我们觉察不到的隐形损失：乳房炎病例增多无疑也会增加治疗和护理费用、同步造成弃奶增多和牛奶产量下降，以及因挤奶时间加长增加的运行成本。

2）正确应对内套老化还应该注意哪些方面？

有时内套质量呈现异常，在未到更换周期期限之前就发现问题，如内套出现裂口或表面粗糙、滑杯现象异常增多、挤奶流速峰值明显下降等等不一而足。倘如此时检查挤奶系统真空度没有问题，就需当机立断，马上更换全部奶杯内套，以免带来更大损失。不管任何时候，挤奶流速峰值下降是内套老化最清晰的警示标志。如果一个奶杯内套性能出现问题，应总是同时更换该挤奶杯组的全部4个内套，藉以保证4个挤奶杯具有相似的内套口张力和相似的挤奶特性。当正常更换周期期限到了，即使上述所述中途更换的4个奶杯内套尚未到更换周期期限，也应该随之一起更换，以便方便挤奶厅日常管理。

四、如何正确选择内套？

正常情况下，安装新挤奶系统时，制造厂商都会一揽子考虑到位，相信用户也会参与讨论此事并达成一致见解。故而，通常情况下不赞成轻易更换内套规格与品牌。如果因为种种原因必须换用另一款奶杯内套，必须考虑以下几方面。

1. 拟更换新款奶杯内套与现运行挤奶系统是否匹配？

1）如果仍使用原有奶杯外壳，新款内套长度要与原外壳匹配，装配后内套要允许5%～15%的拉伸长度（参见图5-2编号11）；内套直径和奶杯口也要与原外壳匹配（参见图5-2编号6和12）。

2）奶杯口（参见图5-2编号12）需能无缝对接安装到清洗底托上，这样才能顺利完成清洗过程。

3）因更换奶杯外壳成本较低，如有可能，建议连同外壳一起更换，这样选择会相对提高内套与外壳的匹配度，更容易选到合适的内套。

2. 如何使奶杯内套与牛群乳头适配？

选择与牛群乳头适配的内套系至关重要的第一选项，其决定内套选择能否成功或失败。

1）如何建立后备牛与成母牛乳头大致尺寸范围？

首先需要测量牛群乳头的直径和长度。需在乳头根部与乳房交界处垂直向下 1 厘米处测量乳头直径，测量头数越多越好；基于测量值尝试建立该奶牛群乳头尺寸群体数据库，然后藉助数据处理，确定最适宜的、可满足大多数奶牛较适配的乳头尺寸。这是一项专业性较强的工作，建议与供应厂商密切合作，大多数内套制造厂商拥有该领域的技术服务专家，并可提供所需测量工具，帮助测量乳头的精确尺寸，继而确定最佳的合适乳头直径。

2）选择奶杯内套应注意哪些细节？

根据牛群群体乳头尺寸最后确定结果，选择奶杯内套奶杯口深度（参见图 5-2 编号 18）与直径，俾其足以达到紧密而舒适的适配效果；这样可确保奶杯口与内套下部在套上乳头时，能够有效地形成两个相对独立的空间——口部腔室（参见图 5-2 编号 3）与乳头室（参见图 5-2 编号 19），并且使得在这两个空间中可形成不同真空度。如果两个空间之间窜气太多，将导致口部腔室真空度过高，从而造成乳头根部蒙受真空度亦过高，继之又迫使乳腺乳池和乳头乳池之间环形皱褶通道变狭窄，自然最终结果发生挤奶流速降低、乳头中血液与组织液流动不畅和奶牛感觉不舒适，所有这些因素无疑将会增加乳房炎的发生风险。反之，如果两个空间之间窜气过少，将导致口部腔室真空度降低，如果降得过低则可能引致挤奶杯组不稳定，可参阅前述关联内容和图 5-5。

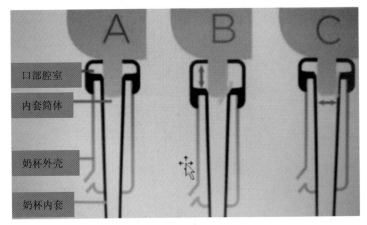

A. 内套与乳头适配佳良，能确保奶杯口腔室与内套下部通过乳头有效地形成两个不同的空间；两空间室具有不同真空度。

B. 内套具有较深奶杯口，意味着乳头不能完全充满内套，造成窜气过多，导致奶杯口腔室内真空度升高至有害水平。

C. 内套筒体较大，乳头不能充满内套筒体，造成窜气过多而致奶杯腔室内真空度升高至有害水平。

图5-5　内套是否适配乳头三类状况示意图

3）为何选择导流通气孔内套？

生产实践中某些牛群乳头尺寸差异较大，乳头与内套之间适配往往难以完美实现，选择导流通气孔内套有助于缓解乳头适配欠佳的负面影响。如前所述，适配较差的奶杯内套导致乳头上部真空过高，不利于安全高效挤奶。这类情况在一些三角体内套和四方体内套中也会出现（图5-6）。基于此，人们专门在内

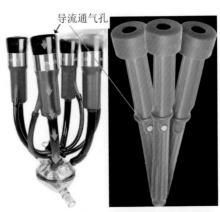

图5-6　两种不同类型的导流通气孔内套

套上设置一个导流通气孔，向奶杯口部腔室中放气，这样可有效防止奶杯口部腔室中真空度过高。向奶杯口部腔室通气还有另外一个好处，即脱杯时可防止乳头根部真空度超过乳头末端真空度，从而减少细菌反冲乳头的概率。还有些内套在短奶管处设置导流通气孔，这有利于牛奶加速排出集乳器，但不会影响奶杯口部腔室真空度。

4）奶杯内套与乳头长度适配如何？

内套长度与设计应保证乳头末端能落在上下接触点之间的区域中（参见图5-2编号15和16），同时需留有富余空间，特别在下接触点方向，藉以达到较好挤奶与按摩效果；因为既往研究曾表明：套杯后正常挤奶期间，乳头可能受真空度吸奶而被拉长延展40%～50%。

3. 奶杯内套口唇端（参见图5-2编号2）选择需注意什么？

1）口唇端硬度多少为宜？

使用软口唇端内套挤奶可减轻挤奶杯组引起的乳头淤血和水肿；但软口唇端内套挤奶时奶杯滑动概率较硬口唇端奶杯高，这是缘于口部腔室真空度较低。然而，硬口唇端奶杯内套滑动概率较小，但可能会使乳头哺部呈现浮肿环，这是缘于口部腔室真空度较高。如果奶杯内套唇部过硬，挤奶时口部腔室真空度则更高，将导致挤奶末尾阶段奶杯内套上窜、环形皱褶通道关闭，乳房剩余奶量较多。这儿如何决定究竟采用硬口唇端奶杯内套，抑或软口唇端奶杯内套需遵循的一般原则是：如果挤奶杯组重量较重时宜选择硬口唇端奶杯内套，而挤奶杯组重量较轻时则选择软口唇端奶杯内套。

2）口唇端直径多大为宜？（参见图5-2编号1）

内套口唇端直径必须与牛群乳头直径相适配，其适配度将影响挤奶速度和奶杯内套滑动概率。如果奶杯内套口唇端直径过小，会使得挤奶时按摩作用和挤奶速度降低，挤奶结束后乳头根部会出现蓝色环形印记。如果奶杯内套口唇端直径过大则会造成挤奶时密封不好、奶杯内套滑动增多、挤奶临近结束期间奶杯内套可能过度上窜，以及乳房剩余奶量较多。

4. 奶杯内套与奶杯外壳相配如何？

在奶牛挤奶过程中，内套"张力"也是一个关键因素。使用不同规格奶杯外壳将改变奶杯内套的伸展程度，就像拉伸弹力带或弹弓一样。奶杯外壳越长，奶杯内套伸展越长，张力增加越大，随之改变奶牛挤奶特性。张力较大的内套挤奶较快，但其作用在乳头末端压力亦较大，易导致乳头过度角质化（乳头末端粗糙），乳房炎风险自然也会增加。

5. 奶杯内套与挤奶系统设置组合如何？

不同的挤奶系统设置，需要不同的奶杯内套对应组合。这是因为不同的内套具有不同的性能，自然也会使其挤奶效果相应有所不同。比如，柔软硅胶内套更多地显示出温和挤奶效果；而壁较厚的橡胶内套则更具有快速的挤奶效果。然而，通过调整挤奶期间工作真空度，硅胶内套可以显示出快速但较少柔和的挤奶效果；而橡胶内套则可以产生温和也较慢的挤奶效果。所以，如果改换新型内套时，挤奶系统设置也应做相应改变。可以通过试验来了解各种挤奶系统配置下同一型号内套性能，或同一挤奶系统配置下不同型号内套性能，如此往复测试来寻求两者的最佳组合。也可以在动态挤奶时间试验中，测量挤奶时内套张开与闭合的张力，藉以了解内套在当下挤奶系统设置下的性能。如果我们能够清晰地知道希望自己的内套达到什么样的性能要求，前述各种办法均有助于为我们最终寻获到理想的内套。笔端至此，建议同道们如欲更换非原装型号内套，需进行一次实操挤奶（动态）测试，考核拟更换新型内套是否可达到预期效果。

2. 为何需基于挤奶操作流程优先选项来确定拟选内套最需要的特性？

鉴于各奶牛场情况千差万别、牛群规模大小不一、产量高低各有千秋、经营者要求与喜好相异，故而不可能有"万国牌奶套"或"一款奶套定乾坤"！所以，重中之重是首先建立挤奶操作流程优先选项，继之以此为依据来决定最需要的内套特性。

1）如果追求挤奶速度快、或泌乳牛群奶流速度较高、或挤奶操作流程前处理非常到位、或挤奶员工业已工作多年且极度敬业并经验丰富，基于这些，宜选择快速挤奶内套。相反，如果泌乳牛群乳头末端角质化问题严重、或挤奶厅挤奶员工众多，难以执行始终如一不走样的挤奶流程前处理乳头刺激环节，此时宜选择较"温和"挤奶内套。

2）如拟完成快速挤奶，宜考虑使用圆柱体、高张力、橡胶内套，同时力争内套与牛群乳头大小尺寸完美适配。然而，还需牢记心头使用这些奶杯内套可能会损伤乳头，除非保证执行始终如一不走样的挤奶流程前处理乳头刺激环节与良好的挤奶流速。如拟实施温和挤奶，则宜考虑使用三角体、低张力、硅胶内套。再次老生常谈：无论使用何种类型内套，均必须力争内套与牛群乳头尺寸大小完美适配。

3）若干现场应用举例如下：对于管理良好、挤奶系统先进的大型奶牛场，如挤奶员工各方面培训到位、操作熟练、执行挤奶操作流程一丝不苟，同时牛群整体产量高，如欲追求提高挤奶效率，可选择使用快速挤奶内套，并适当提高真空度。反之，对高胎次牛群的中小奶牛场，如欲追求保证乳头末端健康效果，不妨选择温和挤奶内套。

4）务必在滑杯漏气、挤奶速度、使用寿命、乳头健康和剩余奶量等诸性能之间寻求最佳平衡，切忌只关注其中一项性能。例如，如果奶衬设计只关注改善滑杯漏气性能，则其乳头损伤风险和剩余奶量可能均会升高。

五、如何做好奶杯内套储存？

（1）橡胶内套随时间推移缓慢老化，力戒长期保存，一般维持1～2个季度库存量足矣。

（2）储存仓库需保持阴凉、干燥和避光。

（3）臭氧会攻击奶杯内套高分子聚合体分子链，储存奶杯内套需远离大型电机、闪烁日光灯等释放臭氧的环境。

六、结束语

与挤奶系统其他任何机械因素相比，内套设计与材质对挤奶特性具有更明显的影响力。所以，维持奶杯内套始终处于正常状态极度重要，而及时更换内套是保持最佳状态的最有效也是唯一措施。如果更换新内套后，能察觉到挤奶性能改善明显，说明该次内套更换肯定拖宕太久了！任何想通过延长内套使用期来节省费用的做法，后果都是事与愿违、得不偿失，甚至酿成巨大损失。选择奶杯内套最重要的标准就是挤奶特性优良，同时不损伤奶牛乳房。

七、本章问题

1. 国内一家新建现代化规模奶牛场，挤奶厅采用2×24位并列式挤奶系统，该系统由国际著名挤奶设备制造厂商提供，并由其属下技术服务部门遣派资深工程师严格遵循该挤奶系统安装流程和标准完美完成安装。开始正式启动运营后系统真空度水平合乎要求并且始终如一非常稳定，只是发现：挤奶杯组容易滑脱、挤奶时长增加、平均奶流速和奶流速峰值均下降、残余奶量增多（自动脱杯流量和自动脱杯延滞时间设置均到位）、运行数周后相当数量泌乳牛乳头末端角质化严重。劳驾同道们思索回答如何破解这一难题？

2. 奶杯杯套更换周期为 1200 头次，现有 80 头泌乳牛，每日挤奶 2 次，挤奶厅不大，为 2×4 挤奶位，那应该多少天更换一次新的奶杯奶套呢？

第六章 挤奶系统都有哪些类型?

目前我国奶牛场使用着各种各样类型的挤奶系统,如移动式(又称手推车式,如图6-1)、管道式(图6-2)、鱼骨式(图6-3)、并列式(图6-4)和转盘式(图6-5)等;规模大小(如2×60并列式和80位转盘式)与智能化程度(如机器人挤奶系统,图6-6)相差也很大。不同的挤奶系统适用奶牛场、性价比、劳动效率和优缺点各异,究竟采用哪一类挤奶系统,应着重考虑管理模式和挤奶牛头数,以及奶牛场本身的经济实力。本章只从挤奶系统集乳器真空度稳定出发,按挤奶管道位置高度分类,论述几种最基本的挤奶系统。

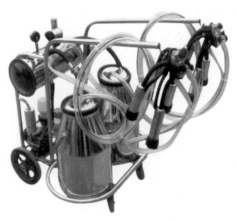

图6-1 双桶移动式挤奶机(俗称双桶手推车式挤奶机)

图6-2　管道式挤奶系统

图6-3　鱼骨式挤奶系统

如何做好挤奶系统功能评估工作

图 6-4　并列式挤奶系统

图 6-5　转盘式挤奶系统

图6-6　机器人挤奶系统

　　左分图为单体智能化机器人挤奶系统，每套每日可处理50～60头泌乳牛，无须任何挤奶员工；右为转盘智能化机器人挤奶系统，每小时可全自动挤奶600头泌乳牛，每班仅需1名赶牛员工。

一、提桶式挤奶系统

　　提桶式挤奶机价格最便宜，20～30年前曾在我国小型奶牛场和个体奶牛养殖户广泛应用，但现在已不多见（图6-7、图6-8）。提桶式挤奶系统中的挤奶杯组与一个便携提桶（接收奶桶，类似大型挤奶系统的接收罐）连接，该提桶向集乳器和脉动器提供真空；提桶式挤奶系统本身配置的气动脉动器通常安装在提桶盖顶部。真空管道内只有空气流动，其向提桶内提供真空。如果该真空管道通路上无任何阻碍，那么保持提桶内真空度稳定是很容易做到的。由于挤奶时提桶位置高度与奶牛乳房位置高度几乎总是处于同一水平，故不一定需要额外真空将奶流提升转运至提桶，这自然保证了提桶和集乳器内平均真空度相对稳定。不过，提桶式挤奶系统的主要缺点是：需要人工将挤出的牛奶从提桶中倒到更大的奶桶中，再从牛舍转运到储奶罐，这当然效率低下，并且也增加了牛奶被污染的风险。新近，俄罗斯开发出一款令全球震惊的提桶式挤奶系统，即牛奶被挤出后在现场仅需要30秒钟就完成巴氏消毒和袋式包装，并即刻进入当地鲜奶市场（图6-9）。

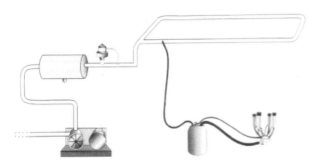

图6-7　提桶式挤奶系统基本结构图解

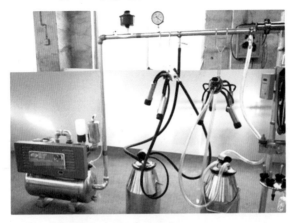

图6-8　提桶式挤奶系统（类似管道式挤奶系统但无挤奶管道）

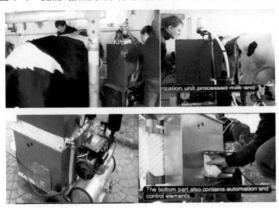

图6-9　俄罗斯新近开发的挤奶－巴氏消毒－包装一体化智能提桶式挤奶系统

移动式提桶挤奶机（图6-10）可以归入此类挤奶系统，有单桶与双桶之分。主要组成部分有真空泵机组、挤奶桶、挤奶杯组、脉动器、带轮子小车架。既没有输奶管道，也没有真空管道。也需要人工将牛奶送至直冷罐；挤奶时提桶位置高度也与奶牛乳房位置高度基本处于同一水平，易于保持提桶和集乳器内平均真空度相对稳定。该挤奶机的最大特点是灵活机动，可在任何一个地方挤奶，只要有电源即可。许多小牛场将其用作产房挤奶机，或病牛挤奶机，不需增加太多设备投资和场地，即可将健康泌乳牛群与特殊泌乳牛群（如初产牛牛群和病牛群）分开挤奶。需要格外注意的是：使用该机每次挤完奶后一定要彻底清洗干净并严密消毒；此外，冬季使用该机挤完奶彻底清洗干净并严密消毒后一定要放置于舍内室温>10℃处，藉以避免脉动器冻结失去正常功能而致乳头损伤出血。

图6-10　移动式提桶挤奶机（单桶，双桶见图6-1）

二、低位挤奶系统

"低位"是指挤奶管道离地高度低于集乳器，也就是低于奶牛站立位置高度，如图6-11所示。在绝大多数现代化挤奶厅中，基本都装置低位挤奶系统。挤奶期间，由于挤奶管道离地高度低于奶牛站立位置高度，使得集乳器内真空压更趋稳定。挤奶管道有时会安装在地下室内（图6-12），或安装在挤奶坑道（图6-13）。当执行原位清洗时，清洗液由清洗管道转输至挤奶管道、集乳器、接收罐等接触过牛奶的部件进行清洗（图6-11并未标示该挤奶系统各组件名称，可参阅本章图6-14）。

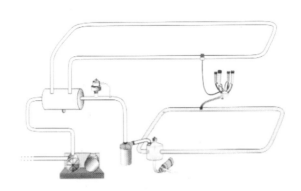

图6-11　低位挤奶系统基本结构图解

图6-12　低位挤奶系统挤奶管道安装在挤奶厅地下室

图6-13 低位挤奶系统挤奶管道安装在挤奶厅挤奶坑道

所有的坑道式挤奶台均是低位挤奶系统。

三、高位挤奶系统

顾名思义，"高位"是指挤奶管道离地高度高于集乳器也就是高于奶牛站立位置高度，如图6-14和图6-15所示。高位挤奶系统的挤奶管道离地高度要超过奶牛站立位置高度1.5～2米，一般在栓系式牛舍广泛使用；当然，有时也在一些平地（即无挤奶坑道）挤奶厅内使用，如英式双列式挤奶厅（图6-16；国内很少见，我本人只见过一家）。

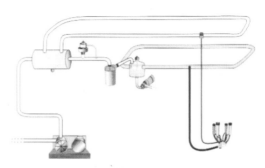

图6-14 高位挤奶系统基本结构图解

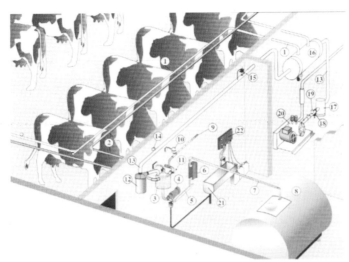

① 主脉动管道 ② 主挤奶管道 ③ 接收罐 ④ 奶泵 ⑤ 滤网 ⑥ 冷排 ⑦ 输奶管
⑧ 储奶罐 ⑨ 清洗管道 ⑩ 浪涌放大气 ⑪ 转换阀 ⑫ 奶水分离罐 ⑬ 主真空管道
⑭ 真空表 ⑮ 真空调节器 ⑯ 平衡罐 ⑰ 空气过滤器 ⑱ 关闭阀 ⑲ 泄气阀
⑳ 真空泵 ㉑ 清洗水槽 ㉒ 自动清洗控制面板

图6-15　高位挤奶系统基本结构和各功能部件名称

图6-16　英式双列式挤奶厅

牛舍管道挤奶机是典型的高位挤奶系统。

四、中位挤奶系统

"中位"是相对于"低位"和"高位"而言。在有挤奶坑道的挤奶厅中，挤奶管道被安装在离地中等高度，即高出奶牛站立地面 0.5～1.2 米；常见于中置式挤奶系统。其工作原理如下：以 2×10 中置式挤奶系统为例，两侧各有 10 头奶牛，其中一侧的 10 头奶牛挤奶结束后，脉动器和集乳器即会牵摆到另外一侧，为另外一侧的 10 头奶牛挤奶。参见图 6-17。显而易见，使用中置式挤奶系统，挤奶员工很难保证挤奶操作流程始终如一和执行到位。

最重要的是：无论是中位挤奶系统（中置式挤奶系统），还是高位挤奶系统，均无法完美折衷地调节真空度。此外，这些系统同样也会增加搅动牛奶的风险，产生腐臭气味。

图 6-17　中位挤奶系统（中置式挤奶系统）

中置式挤奶台源自南美，一些欧洲挤奶机制造厂商为了促进销售，将其引入新兴市场。2000 年前后，在中国也风行过一段时间，因为它有效地降低了挤奶系统售价，而对挤奶效率下降影响并不十分明显；有些管理良好的挤奶厅甚至做出过每小时挤 4 批牛的亮眼成绩。这类挤奶系统目前销售很少了，现有的也大多被改造成传统双并列挤奶台了。

五、带计量装置的挤奶系统

应用玻璃计量瓶的挤奶系统属于老式计量挤奶系统（图 6-18 和图 6-19），目前正在被低位电子计量挤奶系统逐步淘汰（图 6-20）。对玻璃计量瓶挤奶系统来说，虽然集乳器与玻璃计量瓶相连，但用于挤奶的真空度与用于转运牛奶的真空度并不来自于同一真空管道，这样就提高了集乳器内的真空度稳定性。还有，可经有刻度的透明玻璃计量瓶非常容易地检视每头奶牛每次的挤奶量。2000 年前后，我国为了升级养殖户饲养奶牛的挤奶方式，改善并控制牛奶卫生质量，各地兴办起挤奶小区。将各家各户泌乳牛集中在一个小区里分户饲养、集中挤奶、集中制冷、集中销售给乳品加工厂；或在饲养奶牛密集村子里兴建配置一个挤奶台（挤奶中心），各家各户到挤奶时间赶牛过来挤奶。为了节省土建投资，大量使用了安装有计量瓶的挤奶系统，便于计量各家奶产量，称为"计量瓶平台挤奶台"。

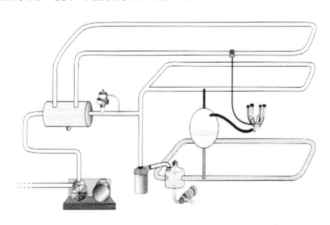

图 6-18　老式玻璃计量瓶挤奶系统结构图解

图6-19　老式玻璃计量瓶挤奶系统

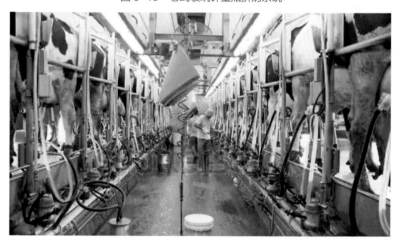

图6-20　低位电子计量挤奶系统
（注意安装在挤奶管道之上的蓝色碗状部件即为电子计量器）

六、智能化机器人全自动挤奶系统

长久以来，奶牛场体力消耗最大、工作节奏最紧张和最难招聘到合格员工的工种就是挤奶员工！这业已成为奶牛场能否顺利永续发展和提高效益的至关严重瓶颈之一。智能化机器人全自动挤奶系统的问世无疑宛如一场及时雨，使奶牛养殖界众多养殖户和养殖集团看到曙光和感觉这一严重瓶颈将会迎刃而解。目前在发达国家正在全力推广普及这一革命性崭新挤奶技术，我国多家奶牛场亦正在尝试消化引进这项技术，这大概至少需要10年左右时间才有可能成为我国奶牛养殖业主流挤奶技术，在此期间，我们需要认真努力做到：

（1）积累足够拟应用该技术的巨额资金，仅挤奶系统每头泌乳牛投资将超过2万元。

（2）藉助奶牛基因组检测技术，着重改良乳房和乳头结构（包括乳头长短、粗细和相距位置）；以便更好应用该技术。

（3）坚定不移使用超级优秀种公牛，将泌乳牛群成年个体305日产奶量迅速提高至12吨以上，以便该技术用有所值。

（4）积极培养能够熟练运用该技术的后备人才。

鉴于智能化机器人全自动挤奶系统并非我国奶牛养殖业当下主流挤奶系统，故对其功能如何评估和常见故障如何排查及维修，此处不赘述。

七、本章问题

目前我国绝大多数奶牛场常见挤奶系统类型为：鱼骨式、并列式和转盘式，简括这3类挤奶系统最主要的优缺点各有哪些？

第七章　如何理解挤奶系统的气流、奶流和系统真空度？

　　乳头末端真空度受奶流（牛奶流向）和气流（空气流向）之间产生的摩擦力影响，那么，对这种现象如何理解呢？我们以下简述之。

一、气流和奶流向什么方向移动？

　　挤奶系统运转时，其大多数部件都处在真空之下。通常，人们错误地认为：真空在挤奶系统内移动；但其实真空不会移动，只是空气会流动。空气从挤奶系统各部位进入，向真空泵方向流动，然后由真空泵将这些进入挤奶系统的空气再泵回外部大气。奶流则是牛奶从集乳器内流入奶桶中或挤奶管道中；然后再从挤奶管道流向接收（乳）罐，并在此处由奶泵通过输奶管道将牛奶泵入储奶大罐（也叫奶仓）（图7-1）。

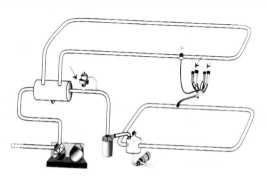

图 7-1　气流和奶流如何进入挤奶系统

图 7-1 中，蓝色箭头示牛奶进入挤奶杯组；红色箭头示挤奶杯组滑脱使空气进入；绿色箭头示空气进入脉动器；黑色箭头示空气进入真空调节器。

二、气流速度是什么？

为了解如何正确选择挤奶系统部件，我们必须清楚气流的概念。气流速度是空气在给定一段时间内移动的容积。举例说明，当一挤奶杯组掉落时（比如挤奶时被踢落），每分钟就会有大约 850 升（30 立方英尺）空气进入挤奶系统，这时即可将这一气流速度定为 850 升 / 分钟，或 30 立方英尺 / 分钟（简称为 30CFM）。

挤奶系统技术人员往往使用流量表来测量气流总容积（图 7-2）。这个仪器由一系列口径不同的进气孔组成，测量时可以让空气进入；

图2　流量表

每个进气孔对应不同的气流速度；将开通的进气孔各自气流速度合并计算，就能求得通过流量表进入的气流总容积。

流量表经常与挤奶系统装置的真空表结合使用，这样可以测量在给定的真空度下，如 50 千帕（kPa）或 15 英寸汞柱（Hg）空气流量究竟是多少。表 7-1 提供了气流速度升 / 分钟与立方英尺 / 分钟的相互转换值。

表 7-1　气流速度公制与英制转换表

立方英尺 / 分钟	升 / 分钟	升 / 分钟	立方英尺 / 分钟
1	28.3	1	0.035
5	141	5	0.18
10	283	10	0.35
20	566	50	1.8

立方英尺／分钟	升／分钟	升／分钟	立方英尺／分钟
30	850	100	3.5
40	1133	500	17.6
50	1416	750	26.5
60	1700	1000	35.3
80	2266	1500	53
100	2832	2000	70.6
150	4248	3000	106
200	5664	5000	177

三、摩擦力如何影响真空度?

任何类似于液体的物体都会被最高真空度所吸引流动,比如空气或牛奶。当空气或牛奶在管道中流动时,就会相应产生摩擦力;这个摩擦力就会造成真空度差。在图7-3中,真空度在靠近接收罐处是47千帕(14英寸汞柱);但由于挤奶管道的摩擦力,在最远处测量真空度只有20千帕(6英寸汞柱)(图7-3右),而较近处测量真空度则为37千帕(11英寸汞柱)(图7-3左)。

图7-3 管道对挤奶系统真空度的影响:管道越长真空度下降越多

以下这些情况会增高摩擦力,从而使真空度差亦会增大:

(1)管道较长;

(2)管道口径较小;

(3)管道弯曲较多;

（4）管道内表面污脏或粗糙；

（5）管道被挤压或几乎被堵塞；

（6）气流速度或牛奶流速较高；

（7）影响奶流速度的装置太多。

四、在实践中常遇到与摩擦力相关的有哪些问题？

以下为实践中常碰到与摩擦力相关的问题，我们在此逐一列出，希望同道们能正确解答。

（1）容量为 65 立方英尺 / 分钟的真空泵相当公制多少升 / 分钟的真空泵？

（2）如图 7-4，气流应向哪个方向移动？

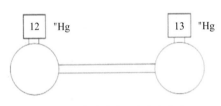

图 7-4　气流应向哪个方向移动

（3）如图 7-5，如果管道中没有气流，那右侧的真空度是多少？假如将管道延长 1 倍，那右侧的真空度又是多少？

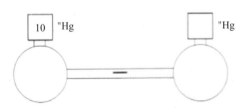

图 7-5　管道内无气流对真空度有何影响

（4）如图 7-6，在下面的系统中，如果奶池中的真空度始终维持为 45 千帕，而奶池和真空泵之间的摩擦力造成 2 千帕的真空度差，所以真空泵中的真空度需设置为 47 千帕。假如空气管道生锈且脏污,那么大家猜一猜真空泵内的真空度会有怎样的变化?

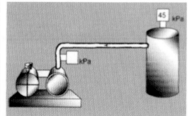

图 7-6　空气管道生锈和脏污对真空泵内真空度会有什么影响

(5)如图 7-7:在各分图中,设定右侧对应稳定的挤奶管道真空度 14 汞柱,各分图中每种形式的变化都会改变挤奶管道内的摩擦力,使得挤奶杯组内真空度随之发生相应变化。尽管大家也许无法准确计算出挤奶杯组内的真空度数值,但不妨猜一猜每种形式的变化会使挤奶杯组内真空度产生怎样的变化。为使问题更加简单,我们可以忽略由挤奶杯组出口形成的摩擦力。

①挤奶管道长度加倍?②挤奶管道口径加倍?③挤奶管道塌陷?④挤奶管道内气流和奶流加倍?

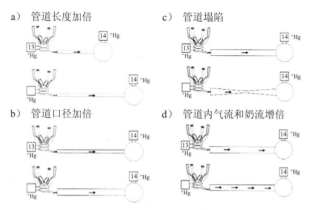

图 7-7　挤奶管道内各种形式变化如何影响挤奶杯组内的真空度稳定

如何做好挤奶系统功能评估工作

五、挤奶管道高度对挤奶杯组内真空度有什么影响？

长奶管所造成的挤奶杯组和挤奶管道之间的摩擦力可产生高达3千帕（1英寸汞柱）真空度差。另外，由于牛奶本身就具有一定质量，所以挤奶管道需有一个举运牛奶的动力，这自然也会增加真空度差。对于一个高2米的挤奶管道来说，举运牛奶的动力会在奶流速峰值时造成额外的7千帕（2英寸汞柱）真空度差。因此，长奶管加上2米高度的挤奶管道总共会引起10千帕（3英寸汞柱）的真空度下降。如果再加载附件如奶量表等，则会使挤奶杯组内真空度进一步下降（图7-8）。

图7-8 挤奶管道高度对挤奶杯组内真空度的影响：挤奶管道高度越高，其与挤奶杯组之间的真空度差越大

六、如何设定系统真空度？

图7-9示高位挤奶系统不同位点的真空度水平：如果真空调节器的真空度设定为48千帕（14.2英寸汞柱），那么真空泵内的真空度就应稍高些，需设为49千帕（14.5英寸汞柱）；但挤奶管道内真空度会稍低些，大概为47千帕（13.9英寸汞柱）。就这个高位挤奶系统而言，在理想状况下，奶流速峰值时挤奶杯组内平均真空度约

为 37 千帕，而在挤奶结束时复升至 44 千帕。以下情况会使奶流速峰值时挤奶杯组内的平均真空度降低：

（1）奶牛的奶流速度非常高；

（2）挤奶管道位置较高；

（3）挤奶管道较长；

（4）挤奶管道口径较小；

（5）挤奶管道弯头太多；

（6）挤奶管道入口不太通畅；

（7）挤奶杯组出口不太通畅；

（8）挤奶杯组气孔堵塞；

（9）加载某些装置，如奶量表、挤奶结束显示器、自动脱杯、牛奶过滤器或任何其他对奶流畅通有限制的部件。

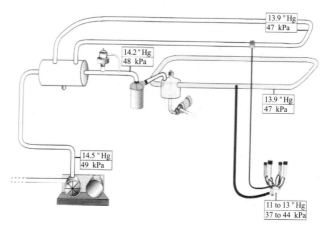

图 7-9　高位挤奶系统不同位点的真空度水平

正如以上所述，美国国家乳房炎委员会（National Mastitis Council，NMC）关于调整系统真空度的推荐值是要让大多数奶牛在奶流速峰值时挤奶杯组内真空度维持在 35 ～ 42 千帕（10.5 ～ 12.5

英寸汞柱）之间。国际标准化组织（International Organization for Standardization, ISO）给出的推荐值则是：对于奶牛来说，在奶流速峰值时挤奶杯组内真空度应维持在 32 ～ 42 千帕之间；对于绵羊和山羊来说，可维持在 28 ～ 38 千帕之间。如果不考虑奶流畅通的某些限制性因素，应依据表 7-2 来调整系统真空度。

表 7-2　系统真空度推荐值

挤奶管道高度	千帕	英寸汞柱
低位	40 ～ 45	12 ～ 13.5
中位	44 ～ 48	13 ～ 14.2
高位	46 ～ 50	14 ～ 15

假如挤奶系统按表 7-2 推荐值设定，当发现挤奶杯组内平均真空度很高但奶流速度又低于正常时，则很可能由于奶牛产量低或挤奶流程前处理不到位所致。当然，当发现挤奶杯组内平均真空度很低，那可能是因为挤奶管道位置过高、长奶管过长、长奶管口径过小、长奶管扭曲折弯、气孔堵塞或奶流速度过高；自然，装置辅助部件过多如奶量表、自动脱杯等等也会造成挤奶杯组内平均真空度较低。

在考虑增加系统真空度之前，要尽可能减小挤奶管道和挤奶杯组之间的真空度下降值。藉助增加系统真空度来提高奶流速峰值时挤奶杯组内真空度是非常危险的，因为这种做法也同时提高了过挤时挤奶杯组内真空度。因此，在决定增加系统真空度之前，应仔细评估挤奶操作流程并调整自动脱杯设定，从而保证快速脱杯；只有在这种情况下增加系统真空度才比较安全。增加系统真空度之后 1 周左右，为确保乳房内奶量全部挤出，应做残余奶量测定。1 个月之后应检查乳头末端状况，并与未增加系统真空度之前的乳头状况进行对比。另外，需要牢记在心的是：某些叶片真空泵的设计并不能确保真空度值始终高于 50 千帕（15 英寸汞柱）。这样，即使真正计划增加系统真空度，可能也会力不从心。

七、在实践中常遇到与挤奶管道高度相关的有哪些问题？

以下为实践中常碰到与挤奶管道高度相关的问题，我们在此逐一列出，希望同道们能正确解答。

1. 图 7-10 示挤奶管道真空度在例 A 和例 B 中均设定为 47 千帕（14 英寸汞柱；参见图中红线）时，例 A 和例 B 各自挤奶杯组内的平均真空度并不相同（参见蓝线）。请尝试回答：

1）在同一奶牛场，有可能在两头奶牛的奶流速峰值阶段发现例 A 和例 B 吗？如何解释？

2）在测量同一头牛的挤奶杯组内真空压时，持续测量几分钟能同时发现例 A 和例 B 吗？如何解释？

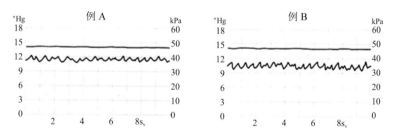

图 7-10　挤奶管道真空度不变时，例 A 和例 B 各自的挤奶杯组内真空度

2. 如表 7-3，在高位挤奶管道系统中，真空调节器的真空度被设定并稳定在 48 千帕。另外，也列出了真空泵、挤奶管道和挤奶杯组内真空度各项数值。请同道们试着估计表中的每类情形里只发生单项改变时挤奶系统其他位点的真空度值是多少？

1）下述各项改变，哪项改变能使挤奶更快？

2）下述各项改变，哪项改变能增加挤奶杯组滑落风险？

表 7-3　单项因子改变时对挤奶系统其他位点真空度值的影响

	真空泵的真空度	真空调节器的真空度	挤奶管道真空度	奶流速峰值时挤奶杯组内真空度	挤奶结束时挤奶杯组内真空度
无任何改变	49	48	47	37	44
为 DHI 测试装置奶量表		48			
长奶管和挤奶管道入口口径增大		48			
挤奶杯组内气孔堵塞		48			
挤奶管道高度降低		48			
使用较大的挤奶管道、接收罐、接受罐空气管道和奶水分离器		48			
将真空泵移到距离接收罐更远处		48			
安装功能更强大的真空泵		48			

3. 图 7-11 示同一奶牛场四头奶牛在奶流速峰值期挤奶管道和挤奶杯组的真空度值；请同道们依据这些数值回答以下问题：

1）对于四头奶牛中的三头，挤奶杯组内平均真空度是否正常？

2）如果这四头奶牛可反映该牛群的总体状况，如何调整挤奶管道真空度？

3）如果决定增加挤奶管道真空度，那有可能造成什么风险？

4）这是高位挤奶管道系统，还是低位管道挤奶系统？

5）在决定增加系统真空度之前，还应该先改进什么？

6）在调整系统真空度之前，应该给挤奶员工什么建议？

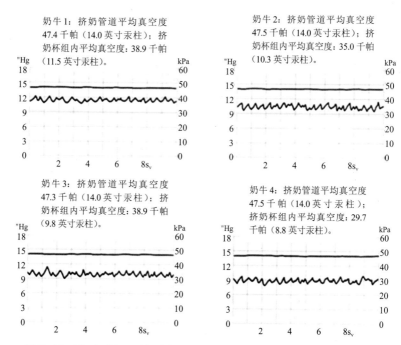

奶牛 1：挤奶管道平均真空度47.4千帕（14.0英寸汞柱）；挤奶杯组内平均真空度：38.9千帕（11.5英寸汞柱）。

奶牛 2：挤奶管道平均真空度47.5千帕（14.0英寸汞柱）；挤奶杯组内平均真空度：35.0千帕（10.3英寸汞柱）。

奶牛 3：挤奶管道平均真空度47.3千帕（14.0英寸汞柱）；挤奶杯组内平均真空度：38.9千帕（9.8英寸汞柱）。

奶牛 4：挤奶管道平均真空度47.5千帕（14.0英寸汞柱）；挤奶杯组内平均真空度：29.7千帕（8.8英寸汞柱）。

图 7-11　同一奶牛场四头奶牛在奶流速峰值期挤奶管道和挤奶杯组的真空度值

4. 图 7-12 示另一奶牛场四头奶牛在奶流速峰值期挤奶管道和挤奶杯组的真空度值；请同道们依据这些数值回答以下问题：

1）对于四头奶牛中的三头，挤奶杯组内平均真空度是否正常？

2）过挤风险是否会比前一个奶牛场更大？

3）这是一个高位挤奶管道系统，还是低位挤奶管道系统？

4）如果挤奶杯组内真空度总是处于这种状况，挤奶员工应该特别注意什么？

奶牛 1：挤奶管道平均真空度 45.0 千帕（13.3 英寸汞柱）；挤奶杯组内平均真空度：44.0 千帕（13.0 英寸汞柱）。

奶牛 2：挤奶管道平均真空度 44.3 千帕（13.1 英寸汞柱）；挤奶杯组内平均真空度：43.3 千帕（12.8 英寸汞柱）。

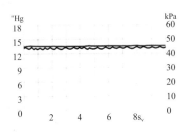

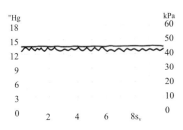

奶牛 3：挤奶管道平均真空度 44.4 千帕（13.1 英寸汞柱）；挤奶杯组内平均真空度：41.8 千帕（12.3 英寸汞柱）。

奶牛 4：挤奶管道平均真空度 45.0 千帕（13.3 英寸汞柱）；挤奶杯组内平均真空度：43.0 千帕（12.7 英寸汞柱）。

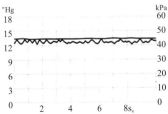

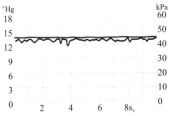

图 7-12　另一奶牛场四头奶牛在奶流速峰值期挤奶管道和挤奶杯组的真空度值

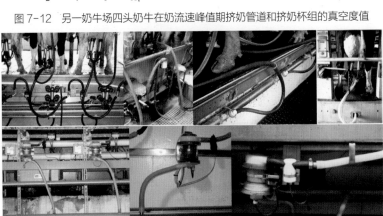

图 7-13　以上 7 帧分图，哪些分图长奶管的长度和装置是正确的？为什么？

第七章　如何理解挤奶系统的气流、奶流和系统真空度？

第八章　如何理解挤奶系统的奶流输送？

集乳器内挤出的牛奶输送到储奶罐的输奶总成装置是挤奶系统必不可少的重要组成部分之一（图8-1），我们以下简述其总成装置的各部件。

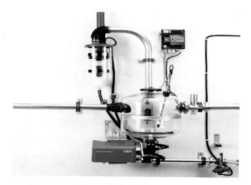

图8-1　先进的输奶总成装置（GEA制造）

一、如何选择长奶管和集乳器调正装置？

为了减少集乳器内奶流向挤奶管道输送之间的摩擦力，长奶管应该结合实际，尽可能缩短。长奶管的长度不可超过2.7米（9英尺）；内径不可少于14毫米（9/16英寸），通常建议16毫米（5/8英寸）。在低位挤奶系统（不是在高位挤奶系统），北美奶牛场往往要求集乳器出口内径为19毫米（3/4英寸）；而长奶管内径则为22毫米（7/8英寸），这样方能保证奶流速度极高的牛群更迅捷地完成挤奶。

塑料材质（PVC）的长奶管需保证在全新时透明可视；与之相比，天然橡胶材质的长奶管则更加柔韧灵便；而硅胶材质的长奶管即使在寒冷气候环境，不仅依然保持柔韧灵便特点，而且有的也透明可视，虽然其价格不菲，但是经久耐用。如今，一些生产商制造出更轻便的热塑高弹性（TPE）长奶管，这种长奶管除更容易与集乳器相互调正挤奶杯组位置外，更由于整体重量较轻，所以较方便挤奶员操作，尤其适用于拴系式牛舍的管道挤奶系统。

不论挤奶厅使用的鱼骨式挤奶系统、并列式挤奶系统或转盘式挤奶系统，还是在拴系式牛舍使用的管道式挤奶系统，集乳器调正装置必不可少。这种装置均可利于调正长奶管位置，从而使挤奶杯组的四个奶杯均匀分布套上乳头并与地面垂直，同时也使集乳器恰好位于四个乳区的正下方，集乳器出口方向与奶牛脊椎平行。集乳器调正装置对挤奶杯组的调整和支撑使四个乳区奶流量均衡，并且最大限度地减少了奶杯滑落和掉杯现象。图 8-2 示不同的集乳器调正装置。

二、挤奶管道

挤奶管道的功能是将牛奶和空气从挤奶杯组输送到接收罐，同时还应该给挤奶杯组提供稳定的真空度，我们以下分述之。

1. 为何要使挤奶管道内奶流平稳通畅地流动？

目标是使挤奶管道内的牛奶藉助重力作用能平稳地向接收罐方向流动，这亦被称之为层流。当牛奶只占据不足挤奶管道截面积的一半，空气可以在牛奶上方平稳流动时，就会出现这种层流状态。当空气快速流动时，就会带动牛奶形成波浪，进入紊流状态。严重时牛奶充满管道，就会生成塞流，亦称"奶柱"；参见图 8-3，这与原位清洗时生成水柱的原理相同。"奶柱"后面的空气会推动其加速冲向接收罐，甚至造成返流现象。

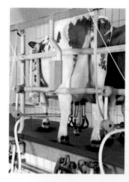

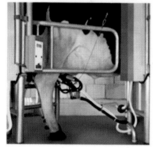
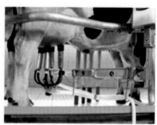

图 8-2　各种集乳器调正装置

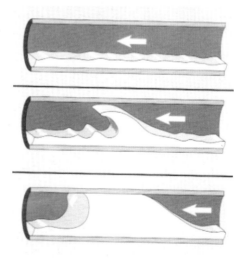

图 8-3　由上至下分别示从层流至紊流再到出现塞流（"奶柱"）

如何做好挤奶系统功能评估工作

塞流（"奶柱"）也会搅动奶流，从而增加游离脂肪酸产生，结果有可能将使牛奶产生酸腐味道。在北美，过去几十年间，奶流中出现"奶柱"往往会被认为是造成乳房炎的原因之一，目前认为这一说法多少有些夸大其词。不过，奶流中若产生过多"奶柱"，则的确会导致挤奶管道内部真空度下降，继而造成奶杯滑脱或掉杯后果，这自然会影响挤奶系统整体挤奶效率，同时重新补杯亦会造成乳头末端污染而引发乳房炎风险。一般而言，不必在意奶流中偶尔出现"奶柱"（整个挤奶期间少于5%）。

如果挤奶管道是玻璃材质，则很容易观察到是否有"奶柱"产生；但如果是不锈钢材质，就需要在挤高产牛群时，于牛奶接收罐处检查是否有"奶柱"产生。假如牛奶接收罐也是不锈钢材质，那就必须在挤奶时藉助测量挤奶管道中的真空度来检查是否出现了"奶柱"现象。

2. 为什么要始终维持挤奶管道内真空度稳定？

如果挤奶管道内真空度稳定，则表明挤奶管道内奶流已实现向牛奶接收罐方向层流。如何知道挤奶管道内真空度是否稳定？首先，牛奶接收罐和挤奶管道之间任意一点的真空度差不能超过2千帕（0.6英寸汞柱）；尤为重要的是，在正常挤奶过程中，在挤奶管道内任何一点测量所得的真空度波动值均不可超过2千帕（0.6英寸汞柱）。在图8-4中，挤奶管道内真空度剧烈下降，这属不正常现象。挤奶管道内真空度剧烈波动会影响到当时正在挤奶的所有奶牛，这种现象的产生可能有以下两种原因。

1）如果这种剧烈波动发生在牛奶接收罐位置，应归因于有效真空储备不足（真空泵抽气量小、真空调节器欠敏感或真空管道有问题），这些我们将在后续章节讨论。

2）如果牛奶接收罐处真空度很稳定，但挤奶管道内各点真空度波动较剧烈时，应归因于挤奶管道内奶流产生了较多的"奶柱"现象。为避免产生过多"奶柱"现象，应努力在挤奶管道内奶流流量和挤奶管道容量之间寻求杜绝产生"奶柱"现象的平衡值。

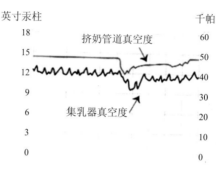

图 8-4　挤奶管道内真空度剧烈波动

3. 哪些因素会影响挤奶管道内奶流状况？

挤奶管道内奶流状况受泌乳牛的奶流速度、挤奶管道挤奶杯组设置的数量和套杯间隔时间这 3 项主要因素影响，以下各述之。

1）泌乳牛的奶流速度如何影响？

泌乳牛个体之间奶流速度差异很大，随着产量增加，奶流速度会更快。泌乳牛通常奶流速峰值在 2～4 升 / 分钟范围内；5% 的泌乳牛奶流速峰值超过 5.5 升 / 分钟。

在欧洲，挤奶管道内径大小是根据平均峰值流量 4 或 5 升 / 分钟来设计，当然也会考虑到牛群遗传背景和未来预计可能增加的产量。不过，北美挤奶管道内径大小设计建议是基于 5.5 升 / 分钟奶流速度，这相对提高了杜绝"奶柱"生成的安全系数。我们以下还会进一步阐述。

2）每侧挤奶管道挤奶杯组设置的数量如何影响？

每侧挤奶管道挤奶杯组设置的数量要远比挤奶系统整体挤奶杯

组设置的总数更重要；在挤奶厅，两侧挤奶管道挤奶杯组设置的数量通常是对等的；随着挤奶厅（挤奶点数量）加大，选配的牛奶接收罐容量也加大，直至安装两个牛奶接收罐，每个牛奶接收罐都各配置一条或两条有一定坡度的挤奶管道（各厂家具体做法可能有差别，但原则是一致的）。举例说明：在 2×20 的挤奶厅，20 头奶牛所挤的奶会经由其一侧挤奶管道流向牛奶接收罐。

在拴系式牛舍管道挤奶系统，每侧挤奶管道挤奶杯组设置的数量取决于这些挤奶杯组拟安装的位置，图 8-5 示在拴系式牛舍管道挤奶系统挤奶管道 3 种不同类型的安装方式。

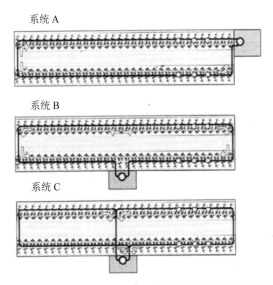

系统 A

系统 B

系统 C

图 8-5 在拴系式牛舍管道挤奶系统挤奶管道 3 种不同类型的安装方式

3）套杯间隔时间如何影响？

套杯速率也会影响挤奶管道内的奶流。举例说明：如果 1 个挤奶员工每隔 1 分钟依次连续套上 6 个挤奶杯组，那么这 6 头泌乳牛将不会同时达到各自的奶流速峰值；但当 3 个挤奶员工在 10 秒钟间隔时间内依次连续套上这 6 个挤奶杯组，那么这 6 头泌乳牛就会同时达到各自的奶流速峰值。通常实际操作中，套杯速率从间隔 5 秒到 90 秒不等，取决于挤奶杯组数量、挤奶员工人数和其挤奶操作流程。北美挤奶管道设计建议的基础是在挤奶厅套杯间隔时间是 5 秒钟；在拴系式牛舍管道挤奶系统套杯间隔时间为 30 秒钟。这儿要提醒的是："套杯间隔时间"与"延迟套杯间隔时间"概念完全不同！"延迟套杯间隔时间"是指从挤头三把奶结束（充分按摩乳头）至套杯的间隔时间，通常为 90 ～ 120 秒，藉以使脑垂体后叶释放的催产素有足够时间（一般至少需要 60 秒）经血液循环系统进入乳腺腺泡周边毛细血管，进而引起乳腺腺泡周边平滑肌细胞收缩，排挤出乳腺腺泡内业已生成的奶。

4. 影响挤奶管道容量的因素有哪些？

挤奶管道的容量取决于其内径、坡度，以及允许进入的空气量，这些因素都会影响挤奶管道内径大小。

1）挤奶管道坡度多少合适？

挤奶管道坡度过去常用每 10 英尺的英寸数来表示，对于大多数传统的拴系式牛舍管道挤奶系统的挤奶管道来说，坡度为每 10 英尺 1 英寸。现在，挤奶管道的坡度用百分数来表示（表 8-1）。2% 的坡度意味着挤奶管道每 100 英尺上升 2 英尺，或者每 100 英寸上升 2 英寸，或者每 100 厘米上升 2 厘米，即每 1 米上升 20 毫米；传统的每 10 英尺 1 英寸的坡度意味着每 120 英寸上升 1 英寸即 0.8% 坡度（图 8-6）。

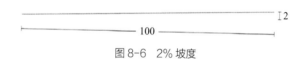

图 8-6　2% 坡度

如何做好挤奶系统功能评估工作

挤奶管道坡度对保证最大奶流自由顺畅缓慢向接收罐方向流动起着举足轻重的影响。举例说明：1.5%坡度的48毫米（2英寸）内径挤奶管道输送的牛奶比60毫米（2.5英寸）内径但只有0.5%坡度的挤奶管道输送的牛奶多得多。

图8-7　整个挤奶管道坡度必须均匀一致

在安装挤奶管道时需要格外仔细，尤其是坡度不大时。如果要求坡度为0.8%，这并不意味着平均坡度为0.8%，而是在整个挤奶管道坡度均匀一致为0.8%（图8-7）。

美国农业工程学会建议挤奶管道坡度最小值应为0.8%。如果坡度值低于0.8%就不能完全排出挤奶管道中残留的液体，也会影响挤奶管道的清洗与消毒，同时残留的药液也有可能污染牛奶。在拴系式牛舍管道挤奶系统挤奶管道如果过长，那么有时要求坡度值要小于0.8%，因为此时挤奶管道整体安装高度不得超过2.1米。不过，国际标准化组织建议坡度值不能低于0.5%。假如牛舍果真很长，最佳解决方案是整个牛舍地面也要有一定坡度，这样挤奶管道随牛舍坡度平行走向，就不必在远端升起太高，从而减少施工困难和安装费用。

表8-1　挤奶管道坡度值换算表

（如果挤奶管道长50米，并且坡度要求0.8%，则其远端应升高400毫米；换算为：每米升高8毫米）

坡度	升高：毫米/米
0.8%	8
0.4%	4
0.5%	5
0.8%	8
1.0%	10
1.2%	12.
1.5%	15
2.0%	20

2）允许进入挤奶管道空气量多少合适？

当允许较多的空气进入挤奶管道时，就有可能引发"奶柱"现象。通常，不断进入的空气来自集乳器的进气孔和漏气。然而，更重要的是在套杯过程中意外进入的空气数量，这不论是在拴系式牛舍管道挤奶系统单杯组套杯，还是在大型挤奶厅多杯组同时套杯，均可能发生。

北美挤奶管道设计建议的基础主要考虑两种操作类型的挤奶员工。对于普通挤奶员工来说，每侧设定进气流量为 200 升 / 分钟，这样设计比较保险；而对于熟练细心挤奶员工来说，每侧允许进入的空气量应限制在 100 升 / 分钟以下。由于欧洲挤奶厅通常不大，加之挤奶员工熟练细心，故每侧建议值为 100 升 / 分钟到 50 升 / 分钟。如果没有自动脱杯设置，上述推荐值亦有可能造成"奶柱"现象。

大多数挤奶管道都是环形相通的，因此可以使进入挤奶管道的空气向两侧分流。对于并非环形而又不相通的挤奶管道来说，进入挤奶管道的空气只能朝一边流动，从而使每侧的气流加倍，这自然增加了产生"奶柱"的风险。北美的建议都是基于挤奶管道环形相通这一特点。

3）挤奶管道内径多大合适？

设计挤奶管道追求的理想功能是确保至少在 95% 的挤奶时间内实现奶流分层（层流）自由通畅平稳流动，并且最大真空度下降值不超过 2 千帕（0.6 英寸汞柱）。然而，正如前述，要实现上述理想功能，这不只是取决于挤奶管道内径大小，还与每侧挤奶杯组设置的数量、泌乳牛本身奶流速度，以及挤奶员工熟练细心程度和操作流程密切相关。

人们一般认为安装内径尺寸更大的挤奶管道比较保险，也能满足将来扩群需要，同时投资亦不算高。其实这种想法是错误的，尽管安装内径尺寸更大的挤奶管道投资并不很大，但考虑到挤奶管道每天必须要清洗 2～3 次，更大内径的挤奶管道意味着要使用更多热水、更多清洁剂和更多消毒剂，以及衍生的污水处理和储存等问题，实际运行成本较高，很不合算。而且挤奶管道直径过大，与挤奶点数量不匹配，也可能给管道清洗带来困难。表 8-2 为北美建议的拴系式牛舍管道挤奶系统挤奶管道内径和坡度值，只要"奶柱"发生频率占全部挤奶时间的 5% 以下，即使挤奶管道内径和坡度值低于这些推荐值也是可以接受的。

表 8-2　北美建议的拴系式牛舍管道挤奶系统挤奶管道内径和坡度值

每侧设置挤奶杯组数量	挤奶管道内径		
	48 毫米（2 英寸）	60 毫米（2.5 英寸）	73 毫米（3 英寸）
2	0.5%	（0.5%）	（0.5%）
3	0.8%	（0.5%）	（0.5%）
4	1.3%	0.5%	（0.5%）
5	2%	0.7%	0.5%
6	⋯	0.8%	0.6%
8	⋯	1.0%	0.7%
10	⋯	1.2%	0.7%
12	⋯	1.4%	0.8%

注：① 括号内 % 值表示要求的坡度值。
　　② 推荐值基于高速奶流 5.5 升 / 分钟、每侧空气进入量 100 升 / 分钟，而且套杯间隔时间为 30 秒这 3 项主要影响因素制定的。

表 8-3　北美挤奶厅安装挤奶管道的建议（挤奶员工熟练细心，套杯快）

挤奶管道内径	根据坡度值（%）确定的每侧所能设置的最多挤奶杯组				
	0.8%	1.0%	1.2%	1.5%	2.0%
48 毫米（2 英寸）	2	3	3	4	5
60 毫米（2.5 英寸）	3	6	7	9	10
73 毫米（3 英寸）	11	13	14	16	19
98 毫米（4 英寸）	27	30	34	38	45

注：推荐值基于高速奶流 5.5 升 / 分钟、每侧空气进入量 100 升 / 分钟。

表 8-4　北美挤奶厅安装挤奶管道的建议（挤奶员工普通，套杯稍慢）

挤奶管道内径	根据坡度值（%）确定的每侧所能设置的最多挤奶杯组				
	0.8%	1.0%	1.2%	1.5%	2.0%
48 毫米（2 英寸）	1	1	2	2	3
60 毫米（2.5 英寸）	4	4	5	6	8
73 毫米（3 英寸）	9	10	12	13	16
98 毫米（4 英寸）	24	27	31	36	41

注：推荐值基于高速奶流 5.5 升 / 分钟、每侧空气进入量 200 升 / 分钟。

5. 如何在拴系式牛舍管道挤奶系统安装挤奶管道？

根据已经确定单侧挤奶杯组数量，参考表 8-2 选择合适的挤奶管道内径、管道安装坡度。如果每侧需要设置五套挤奶杯组，那挤奶管道内径应为 48 毫米（2 英寸），坡度值为 2%，但这并不现实；也可以选择挤奶管道内径为 60 毫米（2.5 英寸），这时其坡度值就应该为 0.7%；当然，如果挤奶管道内径为 73 毫米（3 英寸），那坡度值则需相应调整为 0.5%。倘若在安装时遵循了这些建议，但还是产生了较多"奶柱"现象，那就很有可能是套杯瞬间进气过多，或挤奶管道存在漏气现象。

6. 如何在挤奶厅里安装挤奶管道？

美国农业工程学会提出了两套如何在挤奶厅里安装挤奶管道的建议方案，如表 8-3 和表 8-4。这两个表都设定高速奶流值为 5.5 升 / 分钟；但表 8-3 基于单侧空气进入量为 100 升 / 分钟，表 8-4 基于单侧空气进入量为 200 升 / 分钟。所以，首先要对牛场的员工情况或管理目标做一个评估，根据评估结果决定选择表 8-3 或表 8-4。然后选择一个合适的挤奶管道坡度，比如 1%，看看各对应的管道直径能够承载的单侧最大挤奶杯组数，根据确定的单侧挤奶杯组数，选择最接近的管道内径。对于最大的挤奶台，比如 2×60 等，可以选择单侧双管道的方案，可以倍增管道的能力。

7. 如何在挤奶管道设置进奶口？

应在挤奶管道上部设置进奶口，16毫米（5/8英寸）入口内径要比14毫米（9/16英寸）或12毫米（1/2英寸）内径更通畅。在拴系式牛舍管道挤奶系统，进奶口处开启阀和长奶管连接，并尽可能地限制空气进入挤奶管道。需要定期检查这一装置的牢固程度以及是否存在漏气现象。此外，一些专用装置也可使长奶管和脉动器并联一起，各自分别与挤奶管道和真空管道连接（图8-8）。

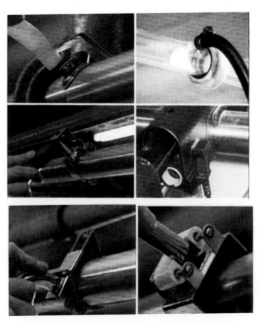

图8-8　安装在挤奶管道不同类型的进奶口

在大多数拴系式牛舍管道挤奶系统的挤奶管道，以往每两个挤奶位点就会设置一个进奶口，现在则每个挤奶位点均设置一个进奶口。这样，由于挤奶杯组相隔较近，所以自然减少了挤奶员工来回走动的距离。此外，每一个挤奶位点设置一个进奶口，还可使一名挤奶员工操控更多的挤奶杯组，并使挤奶操作流程更趋一致。

三、牛奶接收罐总成

牛奶接收罐总成（图8-9）将经挤奶管道到达此处的空气和牛奶分离；牛奶被奶泵泵入储奶大罐；而空气经气液分离罐（国内俗称奶水分离罐或奶水分离器）后，再进入主真空管道而后到达真空泵被抽出，我们以下分述牛奶接受罐总成各组件。

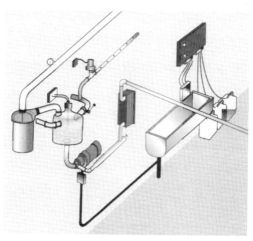

图8-9　牛奶接收罐总成

1. 牛奶接收罐容量究竟应该多大？

为满足挤奶流程和清洗流程，牛奶接收罐容积应设置得足够大，不能被装满，并且其大部分容积的水平线应低于牛奶接收罐入奶口；超过入奶口处过多的那部分容积是无用的，同时也很难清洗；应方便检查牛奶接收罐是否清洗干净。通常牛奶接收罐含有2个或2个以上进奶口，但需始终维持奶流通畅。还有，进奶口处应采取流畅型设计，藉以限制过度搅动和形成泡沫。再者，牛奶接收罐必须安装在挤奶管道弯头和附设挂件最少处，而且尽可能靠近制冷储奶大罐。如此，就能最大限度地减少由于泵入储奶大罐而造成的奶流搅动；也由于缩短了与洗涤槽之间的距离，使原位清洗更加容易和有效。

2. 奶泵有几层作用？

奶泵将牛奶接收罐内的牛奶泵入储奶大罐中；在原位清洗期间，将清洗溶液泵入洗涤槽或排水管道；该泵功率不足会造成奶流或者清洗溶液向奶水分离罐溢流，严重时导致真空泵进水或切断真空，影响清洗进程和效果。在奶泵停止工作期间，止回阀能阻止空气和奶流不被再次吸入重新返回处于真空状态的牛奶接收罐内。应经常检查止回阀的工作状况，注意在挤奶和清洗过程中是否有来自牛奶接收罐奶泵的气泡；如果止回阀漏气，则会造成奶流过度搅动和泡沫形成，从而降低牛奶品质。

3. 如何选择液位控制器？

液位控制器安装在牛奶接收罐内，在牛奶接收罐装满时自动开启奶泵；而在牛奶接收罐排空时自动关闭奶泵。以前经常使用磁性漂浮开关和重量控制开关，但目前电子液位探头器更受欢迎。检测液位控制装置应格外警觉，如果奶泵开启太晚，那大量牛奶就会满溢到气液分离罐内；但如果关闭得太晚，奶泵就无法及时复位保持启动状态，还会造成奶流过度搅动和泡沫形成。当奶泵启动和工作时，要十分警觉发出的任何异常声音。眼下某些生产厂家已经能够提供各类变速奶泵系统，这样能保证奶流速度较低时奶泵仍持续运转，从而更有效地应用挤奶管道在线预冷装置，以后我们还会述及。

4. 输奶管道的作用是什么？

输奶管道在挤奶期间将牛奶运至储奶大罐；在原位清洗期间则将清洗溶液运至洗涤槽。一般需要设置安全开关，以检测输奶管道是处于挤奶状态还是清洗状态。否则，如果在挤奶期间开启清洗状态，牛奶就会进入排水系统而被排放掉；再有，安全开关也能在原位清洗期间阻止清洗液进入储奶大罐。

为避免对牛奶造成机械损伤，输奶管道应越短越好，同时也要尽可能平滑。输奶管道内径需匹配奶泵奶流：如果太小，会增加牛奶搅动；如果太大，又不利于清洗。排水阀应安装在输奶管道低位处，自动排水阀在每次挤奶后或每次原位清洗后均可自动将牛奶接收罐残存液体排空。有时在输奶管道也会安装进气控制阀：当挤奶过程结束后，进气控制阀开启使空气进入，从而推动输奶管道残奶完全进入冷却储奶大罐。还要注意的是，输奶管道储奶大罐侧出现真空是奶泵止回阀漏气迹象之一。

5. 牛奶过滤器的作用是什么？

安装牛奶过滤器（国内俗称"滤网"或"滤套"）非常有必要，其能在牛奶进入储奶大罐之前将垫料、苍蝇、粪污以及泥土等沉渣滤除。一次性滤套非常受欢迎，但也可使用多功能过滤器。使用多功能过滤器需保证每班次挤完奶后进行彻底清洗和保持良好卫生状况；某些地区禁止应用多功能过滤器。

图 8-10　牛奶过滤器（滤网或滤套）

6. 如何安装牛奶接收罐空气管道？

牛奶接收罐空气管道位于牛奶接收罐和奶水分离罐之间，其应始终保持空气通畅流动。如果牛奶接收罐空气管道内径为38毫米（1.5英寸），那会限制空气通畅流动，使真空度调节器难以有效工作。如果牛奶接收罐空气管道内径为50毫米（2英寸），则足够满足5马力真空泵和主真空管道内径为75毫米（3英寸）的需要。倘若真空泵功率更大，则应优先选用75毫米（3英寸）内径的牛奶接收罐空气管道。

7. 奶水分离罐的作用是什么？

奶水分离罐能阻止溢出的牛奶和清洗溶液进入真空泵，其含有浮球类装置，可以在奶水分离罐液体过多时切断系统真空度，从而阻止出现液体溢出现象。挤奶结束后，要用水认真清洗奶水分离罐。需要定期检查奶水分离罐工作状况，奶水分离罐外壳有一部分是透明的，这会令观察更容易。必要时，有时还需要手工清洗奶水分离罐。当真空泵关闭时，奶水分离罐应该能自动排出残存积液。定期检查排水阀十分重要，要确保其能正常工作并且无漏气现象。当然，也可安装特殊设置，藉以清洗期间加速奶水分离罐排水，防止发生溢满现象。

8. 如何安装清洗管道？

清洗管道应尽可能安装在靠近牛奶接收罐处，其功能是将清洗溶液从洗涤槽输送至一侧挤奶管道。如在挤奶间清洗挤奶杯组，往往将挤奶杯组悬挂在洗涤槽并将其与清洗管道相连。当然，也可将挤奶杯组安放在位于洗涤槽和清洗管道之间清洗底座上进行清洗。如在挤奶厅清洗挤奶杯组，应安装第二条清洗管道将清洗液输送至各挤奶杯组。

9. 浪涌放大器的作用是什么？

浪涌放大器一般应安装在清洗管道用以改进清洗挤奶管道时"水柱"形成。在原位清洗期间，浪涌放大器间歇开启，允许一定量空气进入挤奶管道，造成清洗溶液"水柱"生成。我们在本书后续章节将会讨论如何调整浪涌放大器。

10. 奶流/清洗三通转向阀的作用是什么？

奶流/清洗三通转向阀应安装在稍离开挤奶管道末端处，位于清洗管道入口和牛奶接收罐之间。在挤奶期间开启，并不会干扰奶流流动；而在原位清洗期间关闭，迫使清洗水流循环挤奶管道。另外，该转向阀也应允许少量清洗用水流经其来清洗该阀与牛奶接收罐之间的区域。某些型号较容易操控，还有些型号容易清洗，更先进的型号则由自动清洗系统进行自动调节。

11. 为何有不同类型挤奶管道与牛奶接收罐总成安装布局？

在大多数挤奶管道与牛奶接收罐总成安装布局中，单环挤奶管道两末端都进入牛奶接收罐。如图8-12系统1所示，这种布局只需安装一个奶流/清洗三通转向阀和一个浪涌放大器，这类简单安装布局是最容易清洗的。对双环挤奶管道，如两环长度相同，则需加装一清洗管道和一个浪涌放大器即可，如图8-12系统2所示。不过，如两环长短不一，就应使用两条清洗管道、两个奶流/清洗三通转向阀和两个浪涌放大器，如图8-12系统3至系统8所示。

请同道们回答以下问题：

问题1 图8-11示拴系式牛舍管道挤奶系统挤奶管道3种不同类型的安装方式，每套挤奶管道总长度都是100米（300英尺）。其中六个挤奶杯组用黄色标示。

A系统：侧数量：　　　　　　　　2侧；

　　　　每侧长度：　　　　　　　50米（150英尺）；

　　　　每侧挤奶杯组数量：　　　每侧有3个挤奶杯组。

B系统：有几个侧？

　　　　每侧多长？

　　　　每侧有多少挤奶杯组？

C 系统：有几个侧？

　　　　每侧多长？

　　　　每侧有多少挤奶杯组？

系统 A

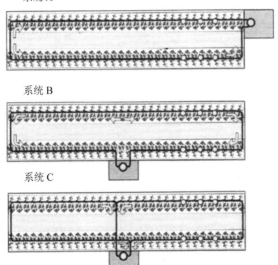

系统 B

系统 C

图 8-11　拴系式牛舍管道挤奶系统挤奶管道 3 种不同类型的安装方式

问题 2　图 8-12 示拴系式牛舍管道挤奶系统挤奶管道口径为 48 毫米（2 英寸），每侧有 2 个挤奶杯组。随着泌乳牛产量增加，挤奶管道内会产生更多"奶柱"。提供 6 种减少"奶柱"的方案，某些方案成本可能会高于其他方案；每种方案各有何不足之处？

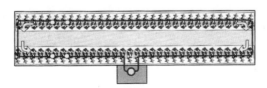

图 8-12　示拴系式牛舍管道挤奶系统挤奶管道内径为 48 毫米（2 英寸），每侧有 2 个挤奶杯组

问题 3 有一环状挤奶管道挤奶厅（8×2；表 8-4），每侧有 8 个挤奶杯组。请依据北美标准，根据挤奶管道内径大小，为熟练细心挤奶员工和普通挤奶员工设定其各自的坡度值；同时列出对这些挤奶管道可能需要注意和维护的各种问题。

表 8-4　8×2 环状挤奶管道挤奶厅，依据北美标准，如何根据表中提供信息设定坡度值？

挤奶管道内径	熟练细心挤奶员工坡度值	普通挤奶员工坡度值
60 毫米（2.5 英寸）	%	%
73 毫米（3 英寸）	%	%

问题 4 根据图 8-13，列出挤奶管道与接收罐相连不同类型可能需要注意和维护的各种问题。

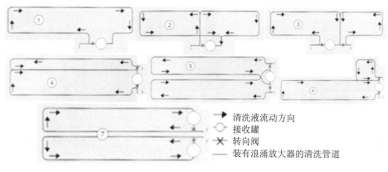

清洗液流动方向
接收罐
转向阀
装有浪涌放大器的清洗管道

图 8-13　挤奶管道与牛奶接收罐相连的各种类型

问题 5 饲养管理无问题，挤奶操作流程和药浴液亦无问题，无酮病牛，4℃储奶大罐运行无任何问题，CIP 清洗到位，月临床乳房炎低于 1.5%，原奶体细胞数 15 万左右，原奶微生物数低于 1 万，乳脂率、乳蛋白率和脂蛋比均正常，日粮正常，全部病牛在专用小挤奶厅挤奶并巴氏消毒后喂哺乳犊牛，储奶大罐原奶储存时间不超过 12 小时。但是，每次起运前测定原奶总有异味，如何破解？

第九章 如何理解挤奶系统真空产生、保持稳定和自动调节？

安装在牛奶接收罐和真空泵之间的每个部件，如奶水分离罐、真空调节器、真空平衡罐和空气过滤器等，其设计目的都是为给牛奶接收罐内部提供稳定的真空度，我们以下简述之。

一、对挤奶系统真空度稳定性有什么要求？

真空泵连续不断地抽出挤奶系统中的空气来创造真空环境，而真空调节器则对空气需求做出及时反应，从而维持挤奶系统真空度的稳定性。牛奶接收罐内真空度应该稳定在上下相差不超过 2 千帕（0.6 英寸汞柱）的正常范围。

二、真空泵有哪几种类型？

1. 旋片式真空泵（Vane Vacuum Pump）

旋片式真空泵（简称旋片泵）（图 9-1）是一种油封式机械真空泵；其可以抽除密封容器中的干燥气体，若附有气镇装置，还可以抽除一定量的可凝性气体；但它不适于抽除含氧过高的、对金属有腐蚀性的、对泵油会起化学反应以及含有颗粒尘埃的气体。旋片式真空泵是真空技术中最基本的真空获得设备之一，其主要由泵体、转子、旋片、端盖、弹簧等组成。在旋片式真空泵的腔内偏心地安装1个转子，转子外圆与泵腔内表面相切（二者有很小的间隙），转子槽内装有带弹簧的2个旋片。旋转时，靠离心力和弹簧的张力使旋片顶端与泵腔内壁保持接触，转子旋转带动旋片沿泵腔内壁滑动。两个旋

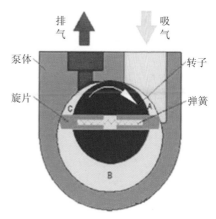

图9-1　旋片式真空泵工作原理图

片把转子、泵腔和两个端盖所围成的月牙形空间分隔成A、B、C三部分，如图9-1所示。当转子按箭头方向旋转时，与吸气口相通的空间A的容积是逐渐增大的，正处于吸气过程。而与排气口相通的空间C的容积是逐渐缩小的，正处于排气过程。居中的空间B的容积也是逐渐减小的，正处于压缩过程。由于空间A的容积是逐渐增大（即膨胀），气体压强降低，泵的入口处外部气体压强大于空间A内的压强，因此将气体吸入。当空间A与吸气口隔绝时，即转至空间B的位置，气体开始被压缩，容积逐渐缩小，最后与排气口相通。当被压缩气体超过排气压强时，排气阀被压缩气体推开，气体穿过油箱内的油层排至大气中。由泵的连续运转，达到连续抽气的目的。

　　在挤奶系统中，使用润滑油的旋片式真空泵非常普遍，这是因为其每马力抽气量更多。现行挤奶系统的旋片式真空泵在转子上安装了4个滑动的旋片；其基本工作原理仍如图9-1。这种类型的真空泵必须要用足够高质量的润滑油做良好保养维护，以尽可能地避免泵腔体磨损，同时也保证旋片与泵腔内壁完全密封。润滑欠佳会降

低真空泵性能，导致真空泵过热，进而因损坏真空泵而缩短其使用寿命。故而，定期检查油壶非常重要。使用的润滑油应始终符合生产厂商建议的标准。再有，因为旋片式真空泵会将油污释放进入大气环境，所以建议安装一个油污回收装置，这样至少能将一部分油污回收、过滤并返回泵中循环利用。

2. 罗茨真空泵（Lobe Vacuum Pump）

罗茨真空泵（图9-2）由2个反向旋转的叶片组成；该真空泵的2个旋转叶片不需要润滑油，所以排出的空气不会污染大气环境。通常情况下，罗茨真空泵工作时很安静，不产生噪音，不需要经常维修，而且适用于不同的调速装置，后将述及。当齿轮转速极高时，定期润滑齿轮非常必要。建议安装空气过滤器，以避免叶片磨损。在所需真空度较高时，罗茨真空泵效率一般。所以，当所需真空度超过50千帕（15英寸汞柱）时，并不建议安装罗茨真空泵。与其他类型真空泵相比，其在价格和节能方面处于中等水平。

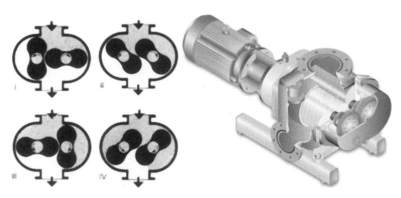

图9-2　罗茨真空泵工作原理图

3. 水环式真空泵（Water–Ring Vacuum Pump）

水环式真空泵（简称水环泵）（图9-3）是一种粗真空泵，其内装有带固定叶片的偏心转子，将水（液体）抛向定子壁，水（液体）

形成与定子同心的液环，液环与转子叶片一起构成可变容积的一种旋转变容积真空泵。其基本工作原理是：在泵体中装有适量的水作为工作液；当叶轮按图9-3中指示的方向顺时针旋转时，水被叶轮抛向四周，由于离心力的作用，水形成了一个决定于

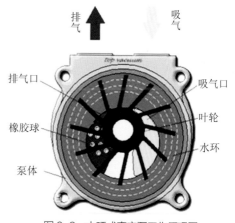

排气　　　　吸气

排气口

橡胶球

泵体

吸气口

叶轮

水环

图9-3　水环式真空泵工作原理图

泵腔形状的近似于等厚度的封闭圆环；水环上部内表面恰好与叶轮轮毂相切，水环下部内表面刚好与叶片顶端接触（实际上叶片在水环内有一定的插入深度）；此时叶轮轮毂与水环之间形成一个月牙形空间，而这一空间又被叶轮分成叶片数目相等的若干个小腔；如果以叶轮上部 $0°$ 为起点，那么叶轮在旋转前 $180°$ 时小腔容积由小变大，且与端面上的吸气口相通，此时气体被吸入，当吸气终了时小腔则与吸气口隔绝；当叶轮继续旋转时，小腔由大变小，使气体被压缩；当小腔与排气口相通时，气体便被排出泵外。综上所述，水环式真空泵是靠泵腔容积变化来实现吸气、压缩和排气的。

　　顾名思义，水环式真空泵是用水来起润滑作用的。尽管这种类型的真空泵工作时很安静，污染也少，但由于价格昂贵和效率不高，同时在同等抽气率水平下，相比于需使用润滑油的旋片式真空泵，此真空泵工作要多消耗 20% 的能量。故而，北美奶牛场并不喜欢这种类型的真空泵。就水环式真空泵而言，必须保证供水充足，并且需要经常更新。此外，水环式真空泵不适用于寒冷易结冰的环境。

三、挤奶系统的真空泵有什么特点?

与其他任何机械系统的真空泵一样,挤奶系统的真空泵在给定的压力或真空度水平下,真空泵能够排出对应的空气量。

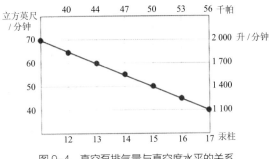

图9-4　真空泵排气量与真空度水平的关系

以图9-4为例,在50千帕(15英寸汞柱)真空度水平下,真空泵每分钟能排出1400升空气。当空气进入量超过真空泵正常容量时,就难以维持挤奶系统原先设定的真空度水平,此时真空度水平就会下降直至实现新的平衡。举个例子:在44千帕(13英寸汞柱)真空度水平下,每分钟能排出1700升的空气。另一方面,管道内气流或奶流因不通畅而致与管壁过度摩擦也会造成真空泵中真空度过高,降低真空泵抽气率,增加耗电量。再举个例子:在56千帕(17英寸汞柱)真空度水平下,每分钟则只能排出1100升空气。

四、如何决定真空泵抽气率大小?

挤奶系统通常要求真空泵能提供42～50千帕(13～15英寸汞柱)的真空度环境。这对于大多数真空泵,即使是最小的,也能轻而易举地实现。但是,当允许特定量的空气进入挤奶系统时,要维持这种真空度水平则十分困难。实际上,真空泵抽气率远比其马力数能提供更多信息。正如表9-1所示:不同功率真空泵的抽气率亦相应波动。

表 9-1　不同功率真空泵抽气率波动值

功率	真空泵抽气率波动值	
马力数	50 千帕真空度水平下抽气率波动 /（升 / 分钟）	15 英寸汞柱真空度水平下抽气率波动 /（立方英尺 / 分钟）
3（2.21 千瓦）	850 ～ 1000	30 ～ 36
5（3.68 千瓦）	1200 ～ 1700	43 ～ 58
7.5（5.52 千瓦）	1800 ～ 2300	65 ～ 80
10（7.35 千瓦）	2300 ～ 3400	82 ～ 120
15（11.03 千瓦）	3100 ～ 4700	109 ～ 165
20（14.71 千瓦）	4400 ～ 5700	155 ～ 200
25（18.39 千瓦）	5700 ～ 8500	200 ～ 300

1. 挤奶系统需要真空泵抽气率充足来执行什么？

1）运行挤奶杯组

在挤奶过程中，每个挤奶杯组的进气量范围是 30 ～ 60 升 / 分钟（1 ～ 2 立方英尺 / 分钟），其中每个集乳器进气量为 6 ～ 12 升 / 分钟（0.2 ～ 0.4 立方英尺 / 分钟）；每个脉动器进气量为 15 ～ 45 升 / 分钟（0.5 ～ 1.5 立方英尺 / 分钟）。如果挤奶系统装有牛奶计量器或自动脱杯组件，则整个挤奶系统空气消耗量需要加倍。即使如此，也只是动用真空泵抽气率很少一部分用于运行挤奶杯组。

2）补偿空气泄漏

在牛奶入口、脉动器连接处或挤奶系统任何接合点通常都会出现少量空气泄漏现象；在真空平衡罐或奶水分离罐，以及挤奶系统其他任何部位，有可能发生空气大量泄漏。不过，挤奶系统全部空气泄漏量不可超过真空泵抽气率的 10%。

3）提供有效真空储备以应付挤奶过程出现的突发事件

如表 9-2 所示，在挤奶过程中，真空泵要能够补偿由于空气意外进入挤奶系统而致的真空损失。通常，藉助更换马达和皮带轮来增加转速，从而使真空泵抽气率提升。

表 9-2　挤奶过程中，哪些事件可造成空气意外进入挤奶系统？

事件	进气量 /（升 / 分钟）	进气量 /（立方英尺 / 分钟）
套杯	30～300	1～10
奶杯滑脱	30～200	1～8
掉杯	300～1200	10～40
挤奶管道进奶口开放	1000～3000	40～100

2. 如何选择挤奶系统需要的真空泵抽气率大小？

在北美奶牛场，真空泵基础容量大小的参考标准值是：每个挤奶杯组需要的抽气率为基本 1000 升＋额外 85 升 / 分钟（基本 35 立方英尺＋额外 3 立方英尺 / 分钟）。额外增加的真空泵抽气率主要用于补偿不同规格型号真空调节器所消耗的空气量，如真空调节器 Sentinal-100 型需补偿 255 升 / 分钟（9 立方英尺 / 分钟）；真空调节器 Sentinal-350 型需补偿 340 升 / 分钟（12 立方英尺 / 分钟）；真空调节器 Sentinal-500 型需补偿 510 升 / 分钟（18 立方英尺 / 分钟），参见图 9-5。

图 9-5　由左至右分别为真空调节器 Sentinal-100 型、350 型和 500 型

额外增加的真空泵抽气率亦用于补偿牛奶计量器（每个需补偿空气流量 15 升 / 分钟，即 0.5 立方英尺 / 分钟）、挤奶杯组反冲系

统，或气动式赶牛门和分群门等附属部件的真空消耗。表 9-3 给出了真空泵基础抽气率的参考值，这些参考值是根据挤奶杯组数量与旋片式真空泵对应的近似千瓦数来确定的。

表 9-3　北美奶牛场真空泵抽气率大小参考标准值

挤奶杯组数量	3	6	12	24	48
基础抽气率 /（升 / 分钟）	1255	1510	2020	3040	4400
基础抽气率 /（立方英尺 / 分钟）	44	53	71	107	155
需要的千瓦数	3.7	3.7	5.5	7.4	11.0

在选择真空泵时，对挤奶杯组数量多少影响挤奶系统真空稳定的考虑因素，并不是人们想象中的那么重要。在北美奶牛场，以往选择真空泵时最简单的计算方法是按每个挤奶杯组配置 0.735 千瓦来决定；而现在则变成了按每个挤奶杯组配置空气流量为 283 升 / 分钟（10 立方英尺 / 分钟）的标准。新行业标准将会考虑挤奶杯组数量多少这个因素，不过，无论如何，当挤奶杯组成倍增加时，并无必要使真空泵抽气率也成倍对应加大。此外，如果能对挤奶系统进行定期保养和维修，所用真空泵抽气率稍小于真空泵抽气率标准参考值也是可以接受的。还有，在挤奶过程中，挤奶员工的操作流程和挤奶系统的运行都必须保证尽可能减少空气进入量。当然，采用具有自动关闭阀的集乳器和在拴系牛舍使用可降低进奶口进气量，亦能减少整个挤奶系统在挤奶期间的进气量。为评估真空泵抽气率是否足够，或是否还能继续增加挤奶杯组，最重要的是检测有效真空储备是否合乎要求，我们将在后续章节中继续讨论此点。为什么不应该使用抽气率超过需要的真空泵呢？其原因很简单：尽管购置成本不一定很高，但运行成本却较高。例如：每多增加 3.7 千瓦（相当于 5 马力），每年电费就会多浪费 3000 ～ 25000 元人民币。自然，电费支出还取决于每度电价格和真空泵实际运行时数。使用变速真

空泵不仅能保证必要的抽气率,还能降低能量损耗;其工作原理是由变频驱动控制器来调节真空泵马达转速。我们也将在后续章节叙述此点。

五、对真空泵排气管有什么要求?

真空泵排气管应尽可能短,尽可能少装弯头,并且空气排出无阻碍,同时要有向外的坡度,以免水排入真空泵。对于旋片式真空泵而言,空气要排放出室外。真空泵排气管出口处一般设有单向阀,此装置阻止了反向旋转;反向旋转可能会损坏真空泵和污染挤奶系统。检测排气背压对于发现是否存在过度排气阻碍是非常有用的。

六、挤奶系统真空度是如何保持稳定的?

在挤奶过程中,进入挤奶系统的空气流量变化很大,如果不能自动调节,那么挤奶过程中系统真空度就会产生较大波动。真空调节器藉助控制空气进入挤奶系统来平衡进入真空泵的气流,继而稳定挤奶系统真空度。目前并没有制造出完美无缺的真空度调节器:当套杯或挤奶杯组脱落时,系统真空度并非一成不变完全稳定,而是会在一定范围内波动。正如图9-6所示:套杯或挤奶杯组脱落均会造成真空度波动;从该图也能简单理解真空调节器的工作原理及其如何将系统真空度稳定在44千帕(13英寸汞柱)。例如,当套杯或挤奶杯组脱落时,系统真空度就会下降。此时真空度调节器会即刻检测到这种下降,并很快做出相应响应:调小空气入口以减少空气进入,使真空度不再继续下降而稳定在43千帕(12.7英寸汞柱)。因此,只要集乳器的气阀一直开启着,系统真空度将会始终维持仅下降1千帕(0.3英寸汞柱)的正常水平。当关闭集乳器气阀时,真空度会上升，此时真空调节器亦会即刻检测到这种上升，并很快及时做出相应响应：调大空气入口以增加空气进入，使真空度不再继续上升而稳定在 44 千帕（13 英寸汞柱）。由于真空度调节器并非瞬间做出响应，所以往往会造成真空度一定程度的稍许下降或升高。但是，缺乏维护而脏污的真空调节器响应较慢，所以往往会造成真空度较大程度的下降或升高。现在行业要求系统真空度下降或升高的波动范围不能超过 2 千帕（0.6 英寸汞柱）。

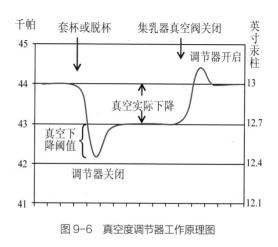

图 9-6　真空度调节器工作原理图

七、真空度调节器都有哪些类型？

（1）重量控制型真空度调节器（图 9-7）顾名思义是藉助重力作用来稳定真空度的，与最新类型的真空调节器相比，重量控制型真空度调节器并没有那么精确和灵敏，所以应当升级更新。

（2）弹簧控制型真空度调节器（图 9-8）并不像重量控制型调节器那样差，但同样精度不理想，也应该用最新类型的真空度调节器来升级更新。由于弹簧控制型真空调节器并不需要安装在固定位置，所以适用于小型便携式挤奶机。

图 9-7　重量控制型真空度调节器

图 9-8　弹簧控制型真空度调节器

（3）膜片型真空度调节器（图9-9）是现在广泛使用的真空调节器；其比重量控制型真空调节器和弹簧控制型真空调节器都要精确。其工作原理是：使用非常灵敏的真空感应阀与膜片上主阀相连并进行控制调节。大多数膜片型真空调节器都包括一个能检测奶水分离罐附近真空度变化的纤细真空管，这是因为奶水分离罐附近的空气流动没那么湍急。还有一些膜片型真空度调节器由两部分构成：即真空感应器和真空调节器本身；真空度感应器安装在靠近奶水分离罐位置，用纤细真空管与相距 1 ～ 15 米范围内的真空调节器相连，真空调节器应安装在靠近真空泵位置。在测量真空度水平时，膜片型真空度调节器极少能允许空气进入所测量的真空度位置。不过，某些膜片型真空度调节器有耗费空气过多的缺点，这样就会要求真空泵抽气率对应增加20%。

图9-9　各种类型的膜片型真空度调节器

（4）目前在一些较大型奶牛场使用的是变频型真空泵调节器（图9-10），其工作原理与前三类完全不同。在挤奶过程和清洗过程的大多数时间，实际上只需要使用真空泵抽气率一小部分。随着真空泵抽气率需求量的变化，变频型真空调节器藉助直接增高或降低真空泵抽气率的方式来对真空度变化做出实时响应，确保真空泵抽气率符合这个需求变化，这样也就有可能维持真空度稳定。举例说明：套杯时会有很多空气进入挤奶系统，这时变频型真空泵调节器会立即向真空泵发送信号来增加其转速，从而在极短时间内让真空泵抽出更多空气。对于使用变频型真空泵调节器的挤奶系统来说，大多数时间内马达在缓慢运行，这样就降低了真空泵约40%～75%的能量消耗，同样还能大幅度减少噪音，并延长真空泵使用寿命。

如果安装调整到位，其真空度稳定性可与传统真空度调节器媲美。在大型奶牛场，由于真空泵每天都要运行很多个小时，随着变频型真空泵价格的降低和电费的上涨，应用其无疑将会越来越能提高效益。由于大多数传统的旋片真空泵并未设计成低速运转，所以，变频型真空泵调节器大多都只用于罗茨真空泵。

图 9-10　变频型真空泵和调节器

八、如何安装真空度调节器？

　　真空度调节器和其真空度感应器总是应该安装在真空平衡罐和奶水分离罐之间（图9-11），因其安装位置尽量靠近奶水分离罐，所以能检测到最接近牛奶接收罐内的真空波动。为了保持卫生，需将真空调节器安装在干净、干燥而且容易接近的位置；安装地点和安装方式都要尽可能减少其噪音对挤奶员工的烦扰。每个真空度调节器都有其最大容量，该最大容量至少应该高于真空泵抽气率20%。所以，如果需要更换新真空泵的话，那么真空度调节器也需同时对应更换。安装同时控制两个气阀的单一真空调节器或单一真空感应器要比安装两个较小的真空调节器更容易调整。由于真空度调节器变脏就会降低其灵敏性，所以一定要定期清理；膜片则更要定期更换。此外，假如真空度调节器工作异常或其气阀意外脱落或关闭，均会导致真空度剧烈上升，这对奶牛和挤奶系统都会造成危险。最经济的保险办法就是在靠近真空泵位置除了安装真空度调节器外，还要再安装一个泄压阀（图9-12）。如果系统真空度异常增加，泄压阀就会自动开启。

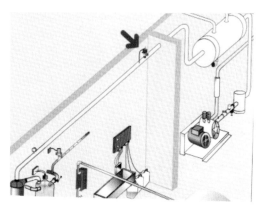

图9-11　真空度调节器安装位置

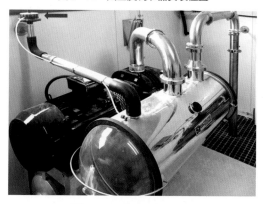

图9-12　泄压阀安装位置

九、主空气管道（主真空管道）是什么？

主空气管道是指在奶水分离罐和真空泵之间运行的空气管道（图9-13），其将奶水分离罐、真空调节器和真空平衡罐内的空气运送至真空泵；容量足够的主空气管道能通过极高速度的气流、极大的空气流量，而且不会产生很大摩擦。

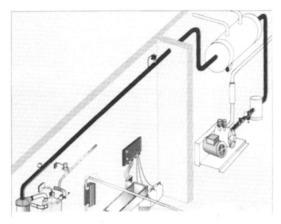

图 9-13　主空气管道（主真空管道；红线部分）

　　如何决定主空气管道尺寸和如何正确安装？为了让真空度调节器在挤奶期间维持系统真空度稳定，应设法使从牛奶接收罐至真空度调节器之间的摩擦力最小。此外，真空度调节器与真空泵之间的主空气管道内摩擦力越小，真空泵就能在越低的真空度水平下工作；同时，其容量也会更大，消耗能量更少。再有，主空气管道越短，直径越大，弯头管和零件越少，内表面越光滑干净，气流速度越慢，摩擦力就会越小。为防止清洗溶液和牛奶意外进入主空气管道造成污染和增加摩擦力，应在奶水分离罐、真空平衡罐、拦截器或空气过滤器等位置设置自动排流装置进行自动排放。必要时，应该在主空气管道较低点再多设置些自动排流阀。此外，经常清理主空气管道也能防止其堵塞。主空气管道的直径很大程度上取决于其长度和真空泵抽气率，可以根据表 9-4 和表 9-5 来决定。

　　表 9-4 使用举例说明：如果真空泵抽气率为 2000 升 / 分钟，对于长度为 10 米以下的主空气管道，直径 63 毫米就足够用了；同时

还允许其最多设置 8 个 90°弯头管。如果需要设置更多的弯头管，建议直径为 75 毫米。如果设置 90°弯头管不超过 8 个，那么直径为 75 毫米的主空气管道可长达 65 米。

表 9-4　主空气管道参数（公制）

真空泵抽气率 /（升 / 分钟）	主空气管道最大长度（装置 8 个 90°弯头管）				
	38 毫米	50 毫米	63 毫米	75 毫米	100 毫米
400	45 米	≥ 100 米			
600	10 米	95 米			
800		45 米			
1000		20 米	≥ 100 米		
1200		5 米	70 米		
1400			50 米		
1600			35 米	≥ 100 米	
1800			20 米	85 米	
2000			10 米	65 米	
2500				20 米	
3000				10 米	≥ 100 米
3500					95 米
4000					70 米
5000					30 米
6000					10 米

表 9-5 使用举例说明：如果 10 马力真空泵抽气率为 106 立方英尺 / 分钟，并且主空气管道长度在 33 英尺以下，那么直径为 3 英寸就足够用了。表 9-5 数值也可以用于选择清洗 PVC 主空气管道。另外，如果使用镀锌钢管，因这种管道内摩擦力更大，所以最大长度宜取表中对应最大长度值的 50% 比较稳妥。

表 9-5　主空气管道尺寸（适用于北美）

真空泵抽气率 /（立方英尺/分钟）	主空气管道最大长度（装置 8 个 90° 弯头管）			
	2 英寸	2.5 英寸	3 英寸	4 英寸
35	66 英尺	≥ 300 英尺		
42	16 英尺	230 英尺		
49		164 英尺		
56		115 英尺	≥ 300 英尺	
64		66 英尺	280 英尺	
71		33 英尺	213 英尺	
89			82 英尺	
106			33 英尺	≥ 300 英尺
124				300 英尺
141				230 英尺
177				100 英尺
212				33 英尺

十、真空平衡罐、拦截器和空气过滤器的作用是什么?

拦截器安装在真空泵和真空调节器之间，其作用是拦截由奶水分离罐逃逸的液体如牛奶或清洗溶液，或由脉动真空管道流出的液体如冷凝液或牛奶。拦截器的有效量需足够促进主空气管道的清洗；如果主空气管道较大，那么也需要相应配置更大的拦截器。

真空平衡罐是在北美广泛使用的另一类拦截器；其也可用作连接主空气管道和总脉动器空气管道的集合管。还有，如果真空平衡罐容积足够大的话，其就能有效缓冲由脉动器造成的真空度波动。真空平衡罐的容量从 80 到 160 公升不等；容量过大是没有必要的。

在北美，具有空气过滤器的拦截器经常与真空平衡罐相连，藉以过滤进入真空泵的空气，从而避免真空泵过度磨损。空气过滤器对于罗茨真空泵尤为重要（图 9-14）。当然，应对空气过滤器定期保养清洗以确保空气流动无阻。

图 9-14　空气过滤器需设置在真空平衡罐和真空泵之间

　　所有这些装置都应该使被拦截积聚的液体自动排放；要定期检查这些装置的自动排水阀，确保无空气泄漏并功能正常。倘若每次清洗时都有过多的水被拦截在这些装置中，则需要检查奶水分离罐或浪涌放大器是否功能正常。牛奶有时也会从脉动器空气管道或从奶水分离罐中溢出而意外进入真空平衡罐或拦截器；如果发生这种情况，一定要及时解决相关故障，并且清洗所有空气管道。

　　因为普通钢制罐会容易生锈，故 PVC 或不锈钢为材料制成的真空平衡罐和拦截器更受欢迎。其安装的位置应满足以下条件：泄出液体不会损害其他设备如电动机等；方便定期检查排水功能是否正常。

十一、脉动器空气管道（脉动真空管道）

　　脉动器空气管道使空气进入脉动器，从而提供真空来激活脉动器（图 9-15）。由于来自脉动器通过这条管道的空气流量并不大，所以脉动器空气管道口径并不需要如主空气管道或挤奶管道那般粗大。对于数量多达 14 个的脉动器来说，其空气管道口径为 50 毫米就足够用了。如果安装比实际需要口径更粗的脉动器空气管道虽然可以降低堵塞风险，但并不会改善挤奶效率。如果脉动器空气管道设置成环相通而且洁净，那么其口径稍小也往往能取得满意效果。还有，要确保牛奶接收罐和最远端脉动器空气管道之间的真空波动不超过 2 千帕（0.6 英寸汞柱）。

图 9-15　脉动器空气管道为脉动器提供真空

　　脉动器空气管道应该设置成环形相通，每端都要与真空平衡罐连接。当奶杯内套裂开或挤奶桶过满溢出牛奶时，牛奶往往会意外进入脉动器空气管道。脉动器空气管道应该有一定斜度，在整条脉动器空气管道的各个最低点应设置自动排水装置，藉以减少流入真空平衡罐的液体；排液阀应该设置在易检查处。脉动器空气管道必须每年清洗一次，而且每次发生牛奶意外进入后也要立即清洗，这样才能防止由于碎屑或牛奶积聚而阻塞空气流动。为了更有效地做好定期清洗工作，应在距真空平衡罐最远点安装数个清洗三通管，合理使用两个清洗三通管的关启阀可以有助完成脉动器空气管道的清洗。最后，需在脉动器空气管道前端空气入口处额外安装一个空气过滤器，藉以为脉动器提供洁净气流。

十二、本章问题

1. 抽气率为 2400 升 / 分钟的真空泵正常工作时的真空度为 44 千帕（13 英寸汞柱时为 84 立方英尺 / 分钟）。

1）当真空泵正常工作时的真空度为 50 千帕（15 英寸汞柱）时，根据你的估计，真空泵抽气率是多少？

2）如果这是一个 7.5 马力的真空泵，你认为其能正常工作吗？

3）该真空泵能提供 16 个挤奶杯组的正常挤奶吗？

4）如果每个挤奶杯组为 50 升 / 分钟，在没有空气泄漏的情况下，万一发生 1 个挤奶杯组掉落，那么应该需要多少储备气流？

2. 请列出真空泵需要维护和警觉的各种问题都是哪些？

3. 以下是生产实践中常见的问题，如何答复？

1）在一个奶牛场，真空泵被移动到距离接收罐较远处，是否可以通过安装更大还是更小直径的主空气管道来补偿多增加的距离？

2）在另一个奶牛场，长度为 50 英尺的主空气管道直径较小。真空调节器安装在何处会使接收罐内的真空度波动更大？是安装在靠近真空泵处，抑或是安装在靠近奶水分离罐处？

3）抽气率为 2000 升 / 分钟的真空泵主空气管道长度为 25 米，那么其直径该是多少？

4）当使用 3 英寸直径主空气管道时，能将 75 立方英尺 / 分钟（7.5 马力）的真空泵移动多远距离？

4. 请列出主空气管道需要维护和警觉的各种问题都有哪些？

5. 请列出真空平衡罐和脉动器空气管道需要维护和警觉的各种问题都有哪些？

第十章　挤奶系统智能部件都有哪些?

当下挤奶系统可配置各式各样的智能部件来协助挤奶员工顺利、快速、干净和轻柔地完成挤奶。以下述及的这些智能部件既可单独使用，也可整合成一个完备系统来使用。

一、自动脱杯部件（图 10-1 和图 10-2）

自动脱杯功能实际上取代了优秀熟练挤奶员工的手工脱杯任务。其工作原理是：不必触摸乳房来判断乳房内部牛奶是否已挤干净，而是通过监测挤奶临近结束时奶流速度的快慢来决定是否关闭真空度，真空关闭后经过短暂延时，再同时从四个乳区自动移除奶杯。如果自动脱杯部件参数设置合理并且日常维护保养到位，那么自动脱杯的效果和一致性远优于手工脱杯。这儿需要强调的是：自动脱杯功能本身并不能提高挤奶效率。不过，在大型挤奶厅和拴系式牛舍，给挤奶系统配置自动脱杯智能部件可以极大提高挤奶员工的劳动效率。但如果挤奶位较少，加设自动脱杯智能部件仅会使挤奶员工工作轻松，而不一定能收回这一投资的成本。

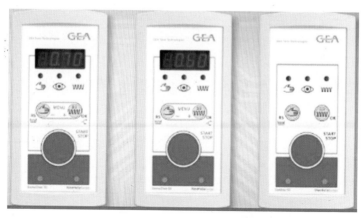

图 10-1　整合自动脱杯功能并显示多参数的面板

图 10-2　加载自动脱杯部件的挤奶位

二、如何设置自动脱杯功能到位？

目前，在国内大型规模化奶牛场，已逐渐认识到造成乳头末端损伤的过挤常发生在挤奶初期（刚套杯之后）和挤奶末期（临近脱杯）。对于前者，常采用挤奶操作流程前处理到位和延迟套杯来解决；而对于后者，则采取合理调节自动脱杯设置来缓解。那么，如何合理调整自动脱杯功能设置呢？

首先，可将自动脱杯延迟时间逐渐缩短，每周减少原设定时间的一半，直至最终调整到 1～3 秒。

其次，自动脱杯流量的设定应依据残余奶量测定来调整。残余奶量测定步骤如下：脱杯后在 1 分钟内手工迅速将四个乳区的乳汁挤入一广口量杯，正常的残余奶量应该在 250～400 毫升。如果超过，需要将脱杯流量设定适当调低；如果低于，则应适当调高。我国大多数奶牛场残余奶量测定总是低于 250 毫升，故应设法逐步调高脱杯流量设定。一般是每周调高 50 毫升/分钟，直至残余奶量测定达到 250～400 毫升（图 10-3）；需要注意的是四个乳区的残余奶量应均匀相似。中国基伊埃牧场科技部眼下自动脱杯流量的设定一般在每分钟 600～1100 毫升之间，视奶牛场牛群产量、挤奶操作流程、集乳器真空压、脉动频率和比率以及奶衬类型等因素的不同而变动。那么，自动脱杯流量设定的上限是多少呢？截至目前，人们对上限究竟是多少并未完全了解，这主要缘于泌乳牛总能很快适应新的调整。

图 10-3　测定残余奶量，藉以估测脱杯流量设定是否正确

左下分图残余奶量少于 200 毫升；中下分图残余奶量 250～400 毫升（正常）；右下分图残余奶量多于 400 毫升。

总之，挤奶操作流程愈到位和自动脱杯设置愈合理，奶牛挤奶时间就会愈快，这样就能允许增加集乳器真空度并减少附杯持续时间，附杯持续时间的定义是：奶杯套上乳头至奶杯脱落的总时长；在挤奶曲线数据栏常以挤奶总时长显示。如果这些做得均好，那么奶牛在挤奶过程中会更舒服，而且在待挤区停留时间相对较短，也愿意迅捷进入挤奶厅，从而使挤奶厅每个挤奶位每小时产奶量大幅度提高。

此外，对自动脱杯功能的设置还应考虑最长挤奶持续时间，这样做几乎不会减少奶产量。过去，如果每日挤3次奶，那么初始阶段设置的最长挤奶持续时间为10分钟。一旦这些挤奶持续时间较长的奶牛习惯了初始设置并且没有损伤乳头，它们会更容易地提高泌乳速度。假如泌乳牛群中没有一头奶牛的挤奶持续时间超过7至8分钟，那么挤奶厅牛群挤奶的周转就会更快。最长挤奶持续时间的设置在转盘式挤奶系统更有用。目前最长挤奶持续时间的设置较10年前大大缩短：如果每日挤3次奶，每次产奶量为11公斤，那么要求挤奶持续时间不可超过4.3分钟。

最后，还应该做如下检查：自动脱杯关闭时的真空度是多少？在挤奶杯组完全脱落前的数秒钟内集乳器内真空度是否下降？

三、电子计量器（图10-4）

电子计量器能测量出每头牛每次挤奶的产量。不过，专为拴系式牛舍管道型挤奶系统设计的便携式电子计量器其精确度并不很高，故其数据不可用于DHI测定。在挤奶系统中，为便于对牛奶品质进行分析，还应安装牛奶取样器。电子计量器不仅仅只是提供DHI数据，其更是个管理工具。其提供的信息可以用来调整日粮、检查饮水是否充足、采食是否充足、奶牛是否发情、奶牛是否健康和挤奶系统是否正常，等等。电子计量器还可以与牛群管理软件相连接，会适时预警奶牛产量的任何异常。此外，还会提示挤奶员工待挤牛是否需要干奶、或授精、或其奶禁止进入储奶大罐（如新产牛、抗生素治疗中的牛或病牛等）。电子计量器也可以提供一些信息来监测挤奶厅管理状况，比如每小时挤多少头牛、挤奶杯组平均持续挤奶时间（平均附杯持续时间）、挤奶平均流速，以及挤奶平均流量峰值，等等。

图 10-4 电子计量器

四、电子识别系统（图 10-5 至图 10-8）

当将电子计量器和计算机牛群管理系统结合应用时，个体奶牛的信息会被实时发送到计算机。个体奶牛的信息可以人工录入，但更常用的是应用电子识别系统自动录入。当使用电子识别系统时，每头牛需佩戴耳标、颈标或蹄标（更小的识标甚至可以埋植于耳部皮下），同时在挤奶台相应位置安装感应器来识别个体牛耳标、颈标或蹄标。感应器可以安装在每个挤奶位；并列式挤奶系统通常安装在挤奶台入口处。颈标识别准确率往往高达 99% 以上，其他类型的识标准确率略低于颈标。逾 25 年来，制造商一直不断努力开发更精确的电子识别系统。毋庸置言，大型规模化奶牛场如要实行精细化管理，应用电子识别系统是必不可少的。

图 10-5　电子识别系统：电子颈标

图 10-6　电子识别系统：电子耳标

图 10-7　电子识别系统：电子蹄标和装置在挤奶位的感应器

图 10-8　感应器装置在挤奶台入口处：适用于电子颈标和电子耳标

五、电子自动分群门系统（图10-9）

当应用电子识别系统时，需要在牛群离开挤奶台拟返回其牛舍的通道（亦称返回通道）上安装电子自动分群门系统，并配置对应缓冲区、特殊处理区和待返区。这样便可以在完成挤奶后在牛群返回其原牛舍之前将需要做产后保健和产后监护的、需要做同期排卵的、需要授精的、需要做妊娠诊断的、需要诊治异常的、需要修蹄的、需要干奶的、需要转群的等等自动分离出相应的通道和区域，这无疑将大大提高劳动效率。电子自动分群门包括电子自动感应门和电子自动导向门。如果使用电子自动分群门系统，那么牛舍内就不必安装颈枷而改用颈轨代之，这自然又可减少固定资产投入和日常维护成本。我国目前还没有任何一家奶牛场对电子自动分群门系统充分彻底理解并将其潜在功能发挥至极致。

图10-9　电子自动分群门

六、挤奶结束指示器（图10-10）

挤奶结束指示器通常包括一个测量奶流的感应器和一个蜂鸣器或是闪光小灯，其可以提示挤奶员工这头奶牛已经完成挤奶，藉以避免过挤现象的发生。目前流行的是自动脱杯装置附连有挤奶结束指示器。

图 10-10　整合挤奶结束指示器的多参数面板

七、自动刺激按摩装置（图 10-11）

现在有许多挤奶系统配备自动刺激按摩装置，其在套杯后即开始刺激按摩奶牛乳头，并会根据奶流速率去控制系统真空压和脉动器频率和比率。在挤奶初期和末期，当奶流速度减缓时，脉动频率和比率相对减慢，真空压水平随之亦降低，从而减少过挤现象。还有一类自动刺激按摩装置在套杯后使用快速脉动刺激按摩奶牛乳头，每分钟脉动可达到 120 ～ 300 次。对于这类自动刺激按摩装置，挤奶员工可以自行决定刺激按摩持续时间的长短，或者设定为出现奶流时就自动停止。目前公认机器刺激按摩的效果赶不上人工刺激按摩效果好。在澳大利亚和新西兰奶牛场，挤奶厅往往只有一位挤奶员工操作，其任务非常单一，只是套杯，没有挤头三把奶这一环节，自然需要使用自动刺激按摩装置。相反，在我国，几乎任何一家奶牛场挤奶操作流程中都含有挤头三把奶验奶这一环节，所以没有必要在挤奶系统额外增加自动刺激按摩装置；既往已经安装的，应逐步缓慢停止使用。

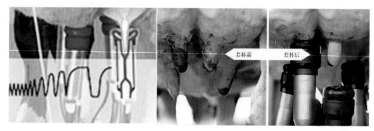

图 10-11　自动刺激按摩装置

智能化机器人挤奶系统的自动刺激按摩装置还能洁净乳头，如中分图和右分图所示

八、在线乳房炎自动检测系统（图 10-12）

如果一个乳区患有乳房炎，那么其奶中的盐类物质就会增加，因而导电率亦会相应升高（新鲜原奶煮沸饮喝，如感觉味发苦，即因临床乳房炎或亚临床乳房炎致盐类物质析出过多所

图 10-12　在线乳房炎自动检测系统

致；我国市场上某些调味奶就是用这些临床乳房炎或亚临床乳房炎奶制作的），这就是在线乳房炎自动检测系统的工作原理。这种自动检测系统可以安装在电子自动计量器内来测量四个乳区的平均电导率；也可以安装在每一挤奶杯内测量每个乳区的电导率。因此，在线乳房炎自动检测系统可自动检测出临床乳房炎和亚临床乳房炎。不过，由于每头牛的正常电导率变异较大，故难以使用统一标准来鉴别患有乳房炎的奶牛和正常奶牛。所以，应对同一奶牛四个乳区的电导率相互进行比较，或与先前的电导率与近期的电导率做比较，如此获得的结果相对会更准确些。此外，如果能将电导率和奶温结合起来做综合评估，那结果也比较准确。值得注意的是：如果增加在线乳房炎自动检测系统，不可避免地会使集乳器内真空度有所降低和波动增大。尽管在线乳房炎自动检测系统并非完美无瑕，但对挤奶操作流程不含挤头三把奶验奶环节，或这一环节做得不到位的奶牛场而言，增设在线乳房炎自动检测系统对及时揭发临床乳房炎和亚临床乳房炎还是非常有帮助的。就我国绝大多数奶牛场而言，只要严肃认真做好挤奶操作流程的前处理环节、定期监测储奶大罐奶样和积极参加 DHI 测定项目，

并无必要一定要使用在线乳房炎自动检测系统。

九、挤奶系统设备运转自动监测装置（图10-13）

由于挤奶系统设备通常连续运转，所以自动监测其挤奶功能是否正常就非常必要。藉助安装若干感应器可以用来监测挤奶系统功能的某些参数，这样就能在问题出现之前提前预警挤奶员工。最常用的监测参数包括脉动频率和比率、真空度水平和真空泵温度等。

图10-13　与计算机相应软件结合，对挤奶系统重要设备运行实时监测

十、如何合理应用电子自动分群门系统？

我国相当一部分现代规模化奶牛场挤奶厅均配置了电子自动分群门系统，但使用非常局限，一般仅限于调群，其潜在的巨大多种用途根本就没有发挥出来。毫不客气地说，迄今为止，国内大概尚无一人能透彻准确理解如何合理充分使用电子自动分群门系统，这着实令人遗憾与沮丧。简捷而言，合理应用电子自动分群门必须要与牛舍相应的硬件设施匹配：在毗邻挤奶厅区域设置特殊处理区和在泌乳牛舍采食通道安装颈轨系统而非颈枷系统，参阅图10-14和图10-15。使用电子自动分群门系统结合设置特殊处理区和颈轨系统究竟有哪些收益呢？请参阅表10-1。

图 10-14　泌乳牛舍采食通道的颈枷系统（左上分图和右上分图：无须与电子自动分群门系统配合使用）和颈轨系统（左下分图和右下分图：必须与电子自动分群门系统配合使用）

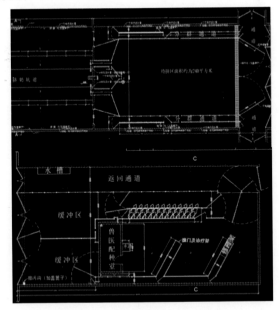

图 10-15　特殊处理区平面设计图

必须与电子自动分群门系统配合使用，国内几乎无人能理解，即使按照该图建造完工正式投产运营后也不知道如何使用。

表 10-1　使用电子自动分群门系统结合设置特殊处理区
和颈轨系统与传统颈枷系统效益比较

比较项目	电子自动分群门系统＋特殊处理区＋颈轨系统	传统颈枷系统
投资成本	较低	较高
维护成本	较低	较高
可否实施单兵操作	可以	不可以
对牛群应激	较低（无须锁牛和找牛）	较高（因需锁牛和找牛）
兽繁技术员工是否需在牛舍工作	不需要	需长时间在牛舍工作
挤奶完毕返回牛舍时间	被分离牛较慢	全群返回较快
被隔离牛应激如何	轻微应激	无被隔离牛
是否会发生混群	管理不善会发生	基本不会发生
管理经验要求	较高	一般
工作效率	较高	一般

十一、本章问题

如果挤奶厅设置电子自动分群门系统，请同道们回答：

1. 相应硬件配套设置还有哪些才能充分发挥其潜在全部功能？

2. 电子自动分群门系统是否每日需使用？每日何时使用？

3. 设置电子分群门系统后，兽繁技术人员应该在哪里完成日常工作？

4. 兽繁技术人员在特殊处理区主要完成哪些工作内容？

第十一章　如何做好挤奶系统原位清洗工作?

如果奶牛乳腺系统健康，那么，未被挤出的乳腺内牛奶细菌总数大概在 800 ～ 1000 个 / 毫升左右或者更低，而且主要集中于乳头乳池和乳腺乳池的牛奶中（这也是为什么标准挤奶操作流程前处理必须要挤出头三把奶的原因之一）。然而，为什么有些奶牛场交售原奶的细菌总数始终居高不下常常高达数十万呢？究其原因，除奶牛憩息环境脏污和挤奶操作流程不到位外，CIP 清洗即 CLEAN IN PLACE（原位清洗）失误和冷却欠妥应是主要原因。

CIP 清洗系一个广泛的概念和专业领域，其定义是指设备（罐体、管道、泵、过滤器等）及整个生产线在无须人工拆卸或打开的前提下，在一个预定时间内，将一定温度的清洁液通过密闭的管道对设备内表面进行循环冲刷而达到清洗目的，特称 CIP 原位清洗系统（Cleaning in place）。这种方法不仅能清洗机械设备内部卫生表面，而且还能有效控制微生物，几乎被引进到所有的食品、饮料和制药等行业。

尽管使用优良挤奶系统对于高品质牛奶生产非常必要，但仅此依然远远不够，必须确保挤奶系统每个部件均干净清洁。在长达逾 14 年足迹遍布大江南北中国各规模化奶牛场的技术服务活动中，我常遇到的有关 CIP 挑战如下：

（1）为何使用太阳能供热系统 CIP 效果总不稳定？

（2）不做水质测定对 CIP 效果有什么影响？

（3）我国相当一部分奶牛场采用"两碱一酸"清洗方式（即早晚班挤奶后各进行碱洗 1 次，而中班酸洗 1 次），其主要缺点是什么？

（4）挤奶管道坡度不一致反映了什么？会造成何种后果？

（5）冲洗开始后需要对每个挤奶杯组目检什么？

（6）预清洗回水仍不清澈就进入碱洗会造成什么后果？

（7）使用总细菌数来评估 CIP 会有什么不足？

（8）嗜热菌数量高说明什么？

（9）嗜冷菌数量高说明什么？

（10）大肠杆菌数量高说明什么？

（11）为什么要使用细菌数量的对数值来评估变化波动趋势？

（12）细菌总数高，但嗜热菌数量正常，这说明什么？

（13）细菌总数和嗜热菌数量持续升高，这说明什么？

以下论述将会部分回答以上问题。

一、为什么需要始终维持挤奶系统内壁干净清洁？

每次挤奶结束后，都应该彻底清洁挤奶系统内壁与牛奶接触的所有表面，毋留任何死角，藉以清除其表面形成的各种各样污物，包括有机的和无机的。有机污物常指牛奶中的脂肪、蛋白质和糖；如不及时立即清除，这些有机污物就会变硬，形成一

图 11-1　有机物残留会促进细菌繁殖，并且使细菌繁殖形成的细菌膜附着在挤奶系统内壁上

层附着顽固的沉淀物，以后就更难清除了（图11-1）。

　　无机污物源于牛奶接触表面的矿物质沉淀，牛奶系这些矿物质沉淀物的主要来源，这种沉淀物被称作乳石，钙和镁是其主要成分。当然，其中的钙沉淀物也可能来自于硬水；水中高含量的铁、硫、硅亦可能会形成矿物质沉淀。由于有机污物和无机污物都会滋生细菌，所以不及时有效清除就会增加细菌数量，影响牛奶卫生品质（图11-2）。此外，护肤剂、乳头消毒剂、乳头密封剂和润滑油等化学物质残留亦在清洗过程中被清除。

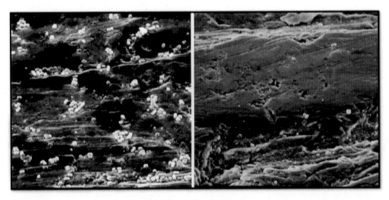

图11-2　电子显微镜显示清洗前（左）和清洗后（右）挤奶系统不锈钢内壁上的细菌情况

　　近年来，各挤奶设备供应商投入大量精力设计更优越合适的挤奶系统。相比之下，对研发每天能很容易地清洗2～3次的挤奶系统却关注不够。一些大型挤奶系统清洗起来既复杂也困难，往往需要格外注意（图11-3）。以下因素将会增加清洗难度：

　　（1）内径超大的长挤奶管道；

　　（2）挤奶杯组；

　　（3）奶量表；

　　（4）塑料部件；

（5）冷排；

（6）双挤奶管道；

（7）挤奶班次运行时间过长。

图 11-3　一些大型挤奶系统清洗比较困难

二、北美清洗流程是什么（图 11-4）?

图 11-4　北美挤奶系统 CIP 流程

第一阶段：如何做好挤奶系统管道预冲洗？

挤奶系统清洗过程第一阶段是在挤奶结束后立即用温水冲洗挤奶系统管道，这样能清除 95%～99% 的残留牛奶；另外，预冲洗还能使挤奶系统管道升温，确保清洁剂能在下一阶段更好地发挥清洁作用。该冲洗水不循环，直接排入下水道；冲洗阶段应持续至回水变清为止。

第二阶段：如何做好氯化碱性清洗液循环清洗？

第二阶段最重要，清洗溶液由热水和氯化碱性清洁剂组成，循环冲洗挤奶系统管道6～10分钟。在此阶段中，清洗溶液可以循环利用，往复通过挤奶系统管道数次；碱性清洁剂能溶解牛奶脂肪，而且氯化物可溶解蛋白质。

第三阶段：如何做好酸性清洗液循环清洗？

来自牛奶和硬水中的矿物质会附着在挤奶系统内壁与牛奶接触表面，酸性溶液能溶解矿物质沉淀物。如该环节未做到位，就会造成矿物质累积，最终形成乳石。在北美，每次挤奶过后都使用添加酸性清洁剂的水冲洗挤奶系统管道。对于硬水地区来说，这一点尤为重要。除预防矿物质累积，酸性清洁剂还能降低挤奶系统管道中内环境 pH 值，藉以阻止两次挤奶间隔之间细菌滋生。除此之外，其也能中和前一清洗阶段的碱性清洁剂，从而使橡胶部件保持良好状态。

第四阶段：如何消毒挤奶系统管道和清除残留清洗液？

如果挤奶系统管道从清洗结束至下一次挤奶间隔较长时间，建议挤奶前先使用消毒液冲洗挤奶系统管道，而不是直接开始挤奶，这可进一步杀死从清洗结束到再次挤奶期间可能在系统内滋生的细菌。然而，尽量不要于挤奶前过早消毒挤奶系统，因为消毒剂可能会造成不锈钢腐蚀。当然，在挤奶前一定要给予足够排水时间使得系统彻底排尽消毒溶液。我国惯常做法是再用清水冲洗 1 次，藉以完全清除残留消毒溶液。

三、成功做好 CIP 的关键因素有哪些（图 11-5）？

就像洗掉你手上的油污一样，成功做好挤奶系统清洗工作需要结合热水、机械和化学等的共同作用。因此，建议清洗和消毒过程应该达到下列因素的平衡；其中任意一个环节不到位都可能造成清洗失败。当然,其中任意一个环节的增强亦能弥补其他环节的不足。所有这些环节对挤奶系统管道的彻底清洗是必不可少的;同样,这些环节对储奶大罐的彻底清洗也是必不可少的。此外,还要牢记:假如其中某一环节不达标,塑料部件和橡胶部件比不锈钢部件和玻璃部件更容易出问题。以下简述各环节。

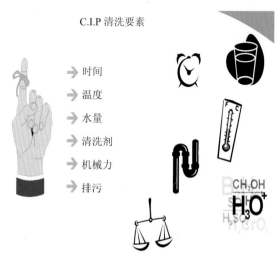

C.I.P 清洗要素

时间
温度
水量
清洗剂
机械力
排污

图 11-5 成功做好 CIP 清洗工作各要素

1. 为何需要充足冲洗水量?

内径较大的长挤奶管道需要足够水量进行清洗。但是在很多奶牛场,升级改造只是更换了挤奶管道,而没有相应增加水槽容积。水量充足非常必要,其有助于充分形成水柱(slug)。水量不足时,空气会在清洗阶段进入挤奶杯组或水槽吸收管道。在清洗阶段,水槽底部需始终维持 10 ～ 15 厘米深的水量。水量越多,保温时间越久。当清洗水槽很小时,某些自动清洗装置就会根据程序在该阶段自动开启添加短缺水量(图 11-6)。

图 11-6　自动清洗装置不但能自动增添水量，而且还能依据程序设定自动添加碱液和酸液

2. 为何需要合适水温（图11-7至图11-9）？

1）预冲洗阶段水温应该是多少？

在该阶段，应该使用温度在 38 ～ 55℃ 的微热水。水温过低可能会使脂肪黏附在挤奶系统管道内壁表面；水温过高则也会将"烘烤"的蛋白质黏着在挤奶系统管道内壁表面。温度较高的水会使挤奶系统管道升温。但如果保持较高水温很困难的话，可以考虑在预冲洗阶段就把温度升至 60℃，并加快预清洗阶段。

2）循环清洗阶段水温（碱性冲洗）应该是多少？

氯化碱性的清洁剂在温度较高时能更有效地溶解脂肪。虽然不同产品所需特定温度有所相异，但是绝大多数清洁剂工作温度应保持在 45 ～ 75℃ 之间。使用前需先了解清洁剂标签上制造厂商的建议。由于在清洗过程中水温会下降，所以通常建议开始时热水温度在 70 ～ 77℃ 之间；更重要是结束水温必须超过 45℃，否则脂肪会发生再沉积现象。此外，如果挤奶系统太脏，那么结束水温必须超过 49℃。如果不能保持以上温度，可以使用特殊的清洁剂或更高浓度的溶液，但这并不经济，因为使用化学物质的成本往往超过热水成本 3 ～ 5 倍。在大型挤奶系统清洗流程中，建议把在系统中最初循环的 20 ～ 40 升的水直接排出，以避免水温下降过快。

图 11-7　水温不足往往是清洗失败的主要原因

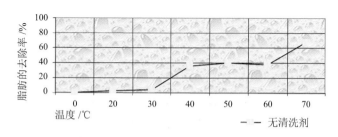

图 11-8　预清洗溶液温度与脂肪清除率的关系

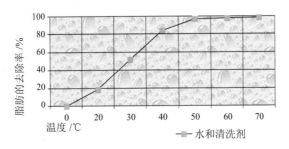

图 11-9　碱性清洗溶液循环清洗温度与脂肪清除率的关系

3）循环酸性冲洗水温应该是多少？

一些酸性清洁剂在 38 ～ 49℃ 的温度下清洗效果较佳，但也有一些在冷水中效果更好。应始终遵循生产厂商标签上的建议。

4）消毒阶段的水温应该是多少？

一般情况下，建议温度是 35 ～ 45℃，亦应始终遵循生产厂商标签上的建议。在较冷天气，温热水可使塑料管相对柔软灵活。

3. 清洁剂有哪些种类和如何决定其使用浓度？

清洁剂的作用是穿透污物、使污物离开牛奶接触表面，并将其分解成小分子悬浮直至完全脱离接触表面。每种类型的污物都需要特定的清洁剂。清洁剂配方和浓度要与水温、水硬度、水中铁含量、污物种类、部件表面的材质（不锈钢、玻璃或塑料）以及拟清洗系统大小相匹配。

1）选用氯化碱性清洁剂需注意什么？

碱性清洁剂最常用，其能溶解牛奶脂肪沉积物。碱性较强的清洗溶液溶解脂肪沉积物的能力更强；增添氯化物能加强清洁蛋白沉积物能力。此外，很多添加剂能阻止硬水析出，同时杀死微生物。通常情况下，碱性清洗阶段溶液的 pH 值在 11 ～ 13 之间。强碱性是清洗能力强的重要指标。表 11-1 给出了一些指导性建议，当挤奶系统清洁难度较大时，所使用的清洁剂浓度要更高一些。

表 11-1　使用氯化碱清洁剂的指导性建议

设备	碱含量 /ppm	氯含量 /ppm
挤奶管道直径 5 厘米	250～300	75～120
挤奶管道直径 7.6 厘米	300～400	90～140
未配置奶量计的挤奶厅	300～400	90～140
配置奶量计的挤奶厅	400～600	140～200
储奶大罐（＜7500 升）	400～500	140～200
储奶大罐（＞7500 升）	650～750	140～200

　　不过，清洁剂制造厂商的建议可能会与上述值相异。还有，若使用水质较硬的水时要选择清洁剂使用量的上限。同一家制造厂商也会提供各种各样不同的氯化碱性清洁剂。再有，建议在硬水中使用高浓度螯合剂（sequester agent）的清洁剂（图 11-10）；含铁量和含硫量也应列入考虑因素。需要注意的是：使用便宜产品并不一定经济，因为其用量往往更大。虽然高浓度清洁剂增强了清洗效力，但是过高浓度会造成设备损耗，尤其是对于橡胶和硅胶材质的部件损害更大，并且还存在滞留化学物质的风险。鉴此，另一选项是：如果水硬度过高，可以安装软化水设备来降低清洁剂使用量，我国东北、西北和华北某些奶牛场水质样品测试结果参阅表 11-2。显而易见，绝大多数奶牛场的水质多为硬水或超硬水，需要安装软化水设备；此外，绝大多数奶牛场的水质缓冲性过强，超过 300ppm，所以亦需要调整酸碱液稀释比率。

图 11-10　螯合剂工作原理

表 11-2　我国东北、西北和华北某些奶牛场水质样品测试结果

地区	奶牛场名称	水硬度值(ppm)	水硬度等级	水缓冲值(ppm)	是否需要调整酸碱配比?
辉山集团	徐三家子奶牛场	342	超硬水	222	不需要
	松岗奶牛场	102	中度硬水	74	不需要
	河夹心奶牛场	239	硬水	222	不需要
	车坊奶牛场	171	硬水	111	不需要
	马和奶牛场	137	中度硬水	148	不需要
宁夏地区	银川冯学礼奶牛场	799	超硬水	1480	需要
	银川周成奶牛场	255	超硬水	592	需要
	银川杨延松奶牛场	493	超硬水	444	需要
	银川金贵奶牛场	459	超硬水	460	需要
	吴忠刘田智奶牛场	578	超硬水	851	需要
	吴忠闫俊杰奶牛场	374	超硬水	595	需要
三元集团	北五奶牛场	85	中度硬水	333	需要
	金银岛第一奶牛场	255	超硬水	481	需要
	金银岛第二奶牛场	459	超硬水	851	需要
	草厂奶牛场	102	中度硬水	296	不需要
	牛河奶牛场	119	中度硬水	333	需要
	小务奶牛场	187	硬水	518	需要
	长四奶牛场	476	超硬水	888	需要
	长二奶牛场	765	超硬水	814	需要
	南三奶牛场	238	硬水	333	需要
	西部一场奶牛场	136	中度硬水	407	需要
	创辉奶牛场	119	中度硬水	333	需要
	鹿圈奶牛场	850	超硬水	999	需要
	长三奶牛场	493	超硬水	629	需要
	南二奶牛场	289	超硬水	444	需要
	京元奶牛场	102	中度硬水	333	需要
	北三奶牛场	187	硬水	518	需要
	小段奶牛场	306	超硬水	518	需要
	中以奶牛场	85	中度硬水	333	需要
	永宏奶牛场	272	超硬水	370	需要
	顺三奶牛场	204	硬水	481	需要
	江林奶牛场	289	超硬水	518	需要
	西郊第二奶牛场	170	硬水	296	不需要
	良山奶牛场	170	硬水	370	需要
	金鑫园奶牛场	255	超硬水	370	需要
	宋庄奶牛场井水水样	255	超硬水	518	需要
	宋庄奶牛场自来水水样	85	中度硬水	407	需要
	绿牧园奶牛场	680	超硬水	925	需要
	朝南奶牛场	255	超硬水	407	需要
	第二奶牛场	153	硬水	444	需要
	辛堡奶牛场	85	中度硬水	555	需要

2）选用酸性清洁剂需注意什么?

酸性清洁剂中和了碱性清洗阶段的腐蚀性物质和氯化物，也溶解了矿物质沉淀并使其悬浮，藉此在牛奶接触表面形成抑菌层来阻止细菌滋生。调整酸性溶液浓度，保持其 pH 值在 3 ~ 3.5 之间；选用酸性溶液种类和应用剂量要根据水质尤其是水中缓冲性高低和铁离子含量的类型来确定。

3）选用消毒剂需注意什么？

浓度在 5.25% ~ 12.5% 范围内的次氯酸钠系最常用的消毒剂；这样的浓度能在清洗溶液中形成 100 ~ 200ppm 的有效氯含量。氯浓度过高会增加挤奶系统橡胶和硅胶材质部件损耗，所以，当部件材质为硅胶时，建议使用 100ppm 含氯溶液并保持较长接触时间（4 ~ 5 分钟）；当然也可以应用浓度为 12.5ppm 的碘溶液。

4. 清洗时间多长为宜？

碱性清洗阶段应该持续 6 ~ 10 分钟；在该阶段，同样的水要通过挤奶系统管道数次。这个阶段的时间应该足够长，需要有 20 ~ 30 个水柱（slug）浪涌。如果时间过短，清洁效果会降低。不过，如果时间过长，水温则会降到过低水平。其他清洗阶段持续时间应该相对短些，通常在 2.5 ~ 5 分钟之间。在两阶段之间要增加 3 ~ 5 分钟排水时间。

5. 为何需要恰当的机械冲刷力（图11-11）？

机械冲刷力作用可以将污物从挤奶系统部件的表面清除，分离清洗溶液中的污物并阻止其在部件表面发生再沉积。理想清洗当然希望人工刷洗，CIP 自然藉助这一原理采用水流冲刷。水流冲刷可清洗储奶大罐、牛奶接收罐、奶水分离罐和计量瓶。但是，水流冲刷并不是提供最佳清洗作用的关键因素，而像水温和化学溶液等因素则往往更重要。

流经挤奶系统每个部件的水流将提供机械冲刷力作用，速率越高，机械冲刷力越大。由于管道和附属部件之间直径各异，所以挤奶系统内的水流速率差距也很大。当长奶管与奶量计相连时，水流在长奶管中的速率要比在奶量计中、在集乳器中和在挤奶杯组中高很多。因而，在集乳器和奶量计中往往比在长奶管中更容易出现清洗不到位现象。

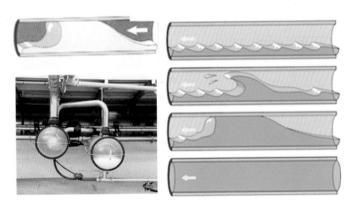

图 11-11 一连串水柱不断冲刷挤奶管道，继而回流入牛奶接收罐

随着挤奶系统越来越复杂，确保提供足够的机械冲刷力作用来彻底清洗挤奶系统每个部件这件事本身也变得越来越复杂。故而，应该采用不同方法来清洗挤奶杯组、牛奶接收罐和挤奶管道，我们将在以下专门论述。

6. 为何每个清洗阶段完成后都要将水彻底排空？

在不同清洗阶段之间，将水完全彻底排空非常重要。如不完全彻底排空，则很能会导致下一阶段清洗溶液温度下降，当然也可能会造成不同化学物质混合，还会在挤奶过程中滋生细菌，同时亦可使残留水和消毒剂进入牛奶。这样，各种挤奶管道的坡度就非常重要；还有，由于滞留在奶水分离罐和真空平衡罐中的水会滋生细菌，因而检查这些地方的排水也应予以重视。

四、如何有效清洗挤奶系统各部位？

1. 如何清洗挤奶管道？

图 11-12 和图 11-13 展示了清洗溶液是如何在挤奶系统中循环的过程。拴系式牛舍要相对简单些：清洗溶液从水槽被吸进挤奶杯

组和清洗管道。在清洗状态时，靠近牛奶接收罐的转向阀是关闭的，这样使得清洗溶液必须通过整个挤奶管道才能到达牛奶接收罐，并在此被泵入水槽或排入下水管道。

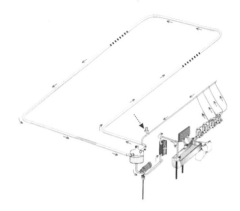

图 11-12　拴系式牛舍管道式挤奶系统清洗溶液循环过程示意图

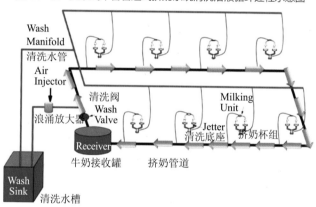

图 11-13　大型挤奶厅挤奶系统清洗溶液循环过程示意图

如图 11-13 所示，大多数现代化挤奶厅通常有两条清洗管道：挤奶坑道两侧各通一条，负责输送清洗溶液；挤奶台很大时，甚至每侧设置两条输送清洗溶液管道，一条为前一半挤奶杯组供给清洗溶液，另一条为后一半挤奶杯组供给清洗溶液，以免最前端与最后端挤奶杯组供给清洗溶液相差过大。极端情况下，如果挤奶管道清洗效果很差的话，可以考虑设置额外管道为挤奶管道补充清洗溶液。不到万不得已，应尽量避免该类设置，因为这很容易导致其余部件清洗效果欠佳。前述章节"如何理解挤奶系统的奶流输送？"中所示的各种挤奶管道布局自然也更复杂一些。另外，现在的挤奶管道口径都太大，所以不能在清洗阶段完全注满清洗溶液，因为这样所需热水量就太多了。但如果清洗溶液水流只是在挤奶管道底部循环，那么挤奶管道清洗就难以彻底清洗干净。因此，在挤奶管道上安装浪涌放大器（即空气喷射器），用以制造浪涌水柱而使清洗溶液瞬间充满挤奶管道和增加机械冲刷力。当其关闭时，清洗溶液被吸入挤奶管道；而当其开启时，空气会被注入挤奶管道，迫使清洗溶液形成长度从几厘米到几米不等的浪涌水柱，并推动浪涌水柱在整个挤奶管道流动。为确保清洗效果，通常需要 20～30 个浪涌水柱以 7～10 米/秒速度在挤奶管道中流动；这当然需要足够量的清洗溶液和恰当调节浪涌放大器。如果挤奶管道更大或设置双挤奶管道布局，如何调节浪涌放大器恰到好处则往往更具挑战性，本章末尾将详述。

2. 如何清洗挤奶杯组（图11-14）？

清洗挤奶杯组和奶量计的难度比清洗挤奶管道更大。首先是因为塑料和橡胶本身要比不锈钢难清洗；其次是水流速度在挤奶杯组内是不同的：在长奶管中流得快些，而在奶杯、集乳器和奶量计（Sensor）中流得相对慢些。清洗时如保持脉动器工作亦会改善清洗效果。在较小挤奶系统，挤奶杯组在清洗时悬挂在水槽上。在一些拴系式牛舍清洗时，挤奶杯组位于有清洗底座的清洗管路上，并临近水槽。在大多数挤奶厅中，挤奶杯组在挤奶厅完成清洗。挤奶杯组与清洗底座相连接，其中的清洗溶液来源于清洗管道；清洗管道从水槽吸入清洗溶液并往复循环。最常见的问题是清洗溶液在挤奶杯组中分配不均匀，如果挤奶杯组安装位置欠佳就会造成这个问题。在挤奶厅清洗挤奶杯组时会更容易出现这个问题。通常情况下，第一个挤奶杯组进入过多清洗溶液，导致最后一个挤奶杯组清洗溶液量不够；这些最后才进入清洗溶液的挤奶杯组在整个清洗过程中都没有充满过清洗溶液。造成清洗溶液量不均匀的原因多种多样，主要有：水槽液面太低、清洗管道过长、清洗管道空气泄漏、清洗管道有异物、挤奶管道过长、长奶管过长、旧软管扭结或被吸扁和清洗底座漏气。有时采用水流限制装置来平衡流经不同位置挤奶杯组的清洗溶液流量，或平衡流经挤奶杯组和直接流向挤奶管道的清洗溶液流量。为了核实清洗溶液流量确实流经了每个挤奶杯组，应该将 2 分钟内流经一个挤奶杯组的清洗溶液接入测量桶计算其流量。在挤奶厅不同的位置都要进行监测，3 ～ 5 升 / 分钟的清洗溶液流动速率足够清洗大多数挤奶杯组了。不过，建议 4.5 ～ 6 升 / 分钟的清洗溶液流动速率来清洗奶量表或计量瓶。

3. Milk hose 奶管

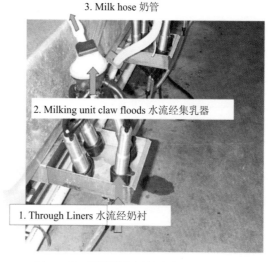

2. Milking unit claw floods 水流经集乳器

1. Through Liners 水流经奶衬

图 11-14　清洗溶液在挤奶杯组的流动方向

3. 如何清洗牛奶接收罐和奶水分离罐?

大小合适的牛奶接收罐和奶水分离罐很容易清洗。如果牛奶接收罐过小,过多的清洗溶液将会进入奶水分离罐,可能引发自动断真空,然后清洗液溢出。因此建议浪涌水柱只需要充满牛奶接收罐容积的1/3;清洗液量宜在牛奶接收罐牛奶入口以下;入口以上过多的清洗液不仅无用而且难以清洗。玻璃材质牛奶接收罐或透明牛奶接收罐很容易检查清洗效果。奶水分离罐应该足够大到能容纳由牛奶接收罐溢出的所有清洗溶液。越大的输奶管道就需要越多的浪涌水柱来清洗,以至于相应配置更大的牛奶接收罐和奶水分离罐。当然,也有使用类似喷淋器样的各种各样装置来提高牛奶接收罐和奶水分离罐的清洗效果。还有些特殊装置被用来协助奶水分离罐在清洗过程排水,从而防止出现满溢现象。牛奶泵流量可能会成为限制因素。在下一个浪涌水柱到达之前,现有浪涌水柱必须被泵出牛奶接收罐,否则就会出现过溢现象。牛奶泵和水槽之间的输奶管道很容易清洗。如果其不很大,当牛奶泵工作时其内部就会充满清洗溶液。

4. 人工清洗应注意什么?

必要时,需人工清洗与牛奶接触的一些设备,比如奶桶。当然,宜使用专门用于人工清洗的特殊清洁剂配方。与自动清洗相比,亦要确保水温、接触时间、擦洗力度、清洗液量和浓度都是足够的;不言而喻,依然要遵从标签说明。

5. 如何清洗真空管道?

生产实践中常遇到牛奶可能会意外进入脉动真空管道和主真空管道,此时需立即清洗。除此之外,平时也需定期清洗这些真空管道;真空管道直径越小,定期清洗次数越多。通常使用挤奶管道标准清洗溶液进行清洗足矣；使用腐蚀性清洗溶液有一定风险，如奶垢沉积严重可酌情谨慎使用。

清洗溶液使用量应低于真空平衡罐容积，藉以避免清洗溶液进入真空泵。清洗流程结束后，停转真空泵，并从真空平衡罐内排出清洗溶液，然后再以热水冲洗并排干。

当少量牛奶溢出奶水分离器时，会污染主真空管道；这时可取出奶水分离器关闭球，将牛奶接收罐注满清洗溶液进行冲洗。奶衬裂开时泄露的牛奶也会污染脉动真空管道，可将关闭旋塞开启导入清洗溶液进行清洗。脉动真空管道的关闭旋塞只允许每次清洗一段；如果存在堵塞脉动管道风险，那应从真空平衡罐附近部分开始逐段清洗脉动真空管道。

五、如何分析清洗失败成因？

实践中常遇到原位清洗失败问题，当然，宜全力防止其发生；不过，当其发生时，及早发现与及时解决至关重要。清洁失败通常会在挤奶系统非平滑通畅处肉眼可见积聚的污垢。各厂家设计生产的挤奶系统均存在难以彻底清洗的死角：找到这些死角并定期检查清洗，藉以确保原位自动清洗系统运行正常和清洗效果良好。以下列出检测清洗失败的几种方法：

（1）检查橡胶部件，如橡胶油腻或打滑意味着清洗不足；

（2）检查牛奶接收罐器内壁有无凝结产生，或其电极内表面是否残留脂肪、蛋白质或钙；

（3）检查较难清洗的挤奶杯组、奶量计和自动脱杯部件；

（4）检查挤奶管道牛奶入口；

（5）如牛奶接收罐内泡沫过多则往往表示清洗溶液量不足或漏气；

（6）检查开启真空泵运行时冲洗溶液是否进入牛奶接收器？如

果是这样，需要调整挤奶管道坡度藉以改善排水；

（7）检查清洗水槽，如不洁净光亮，那说明存在问题；

（8）检查连接储奶大罐的输奶管道；

（9）检查储奶大罐出奶口、喷洗球和搅拌器；

（10）检查奶水分离器、牛奶预冷却器（也称板换或冷排）、脉动真空管道和主真空管道是否清洁；

（11）检查挤奶系统内壁残留薄膜成分可揭示清洗失败的某些原因；

（12）对于原位清洗流程每步清洗循环，需定期检测清洗溶液中清洁剂含量、清洗溶液水温、每步清洗循环结束时清洗溶液水温、每步清洗循环时长和泄排水量；

（13）监测储奶大罐细菌数量是监测清洗效率的另一种方法，可参阅本书第十二章"如何做好原奶微生物超标成因分析？"

六、如何破解挤奶系统内壁各种沉垢成因和应对处理？

原位清洗失败通常会导致在挤奶系统内壁某些区域残留薄膜；这些残留薄膜若干特性可以帮助确定原位清洗失败原因，参阅表11-3。

表11-3 挤奶系统内壁各种沉垢成因和如何应对处理

残留薄膜性质分类	表观特性	原因	如何处理
乳脂	悬挂水珠状、呈白色，触感油腻。	①预清洗环节欠佳；②碱清洗环节欠佳；③软水器故障。	①应用含双倍剂量洗涤剂和同等含量次氯酸钠热清洗溶液清洗10分钟，然后再进行酸循环清洗。②可在碱清洗环节添加苛性钠除泡剂。
乳蛋白	呈蓝彩虹色、清漆状和苹果酱状。	①预清洗环节欠佳；②碱清洗环节欠佳；③清洗溶液氯含量不足。	应用含双倍剂量洗涤剂和同等含量次氯酸钠热清洗溶液清洗10分钟，然后再进行酸循环清洗。

残留薄膜性质分类	表观特性	原因	如何处理
奶石和其他矿物质	呈白色至黄色硬皮，或红色至棕色，或白垩沉积，潮湿时难以发现。	①酸清洗环节欠佳；②排水不彻底；③清洗溶液用水矿物质含量高。	应用按4～8毫升/升添加重型酸性清洁剂（pH值≤2）热清洗溶液清洗10分钟，然后再用清水清洗。
着墨和黑色斑点	橡胶部件发黑或有黑色沉垢。	氯或氯化物与橡胶之间的化学反应。	更换橡胶部件。

另外，这些残留薄膜也可以尝试用浓酸或氯化碱性洗涤剂溶液擦洗其中小块区域来诊断其性质：奶石和矿物质沉积污垢会被酸去除；乳蛋白沉积污垢会被氯去除；乳脂膜会被碱性洗涤剂去除。尽管以上这些应对处理可以暂时消溶去除这些沉积污垢，但仅仅只是治标不治本。此外，采用这些应对处理还需格外注意安全防范措施，这是因为这些清洗溶液腐蚀性极强，可能损伤眼睛、皮肤和衣服。同时，也可能损坏设备，尤其是橡胶部件，还会损坏不锈钢部件；往往这样清洗处理后可能还需要更换奶衬。另外，有时这些残留薄膜会由多层不同各种沉积污垢生成，故需要交替进行强酸和强碱冲击清洗处理而彻底消溶去除。

七、浪涌水柱清洗如何到位？

浪涌水柱（Slug）也可理解为充满管道全内腔的紧密清洗溶液水柱（Column of Water），并以特定速度冲刷前行进入牛奶接收罐；通过将空气注入挤奶系统管道并在拟生成浪涌水柱的前端和后端之间产生真空度差来生成，参阅图11-15。在原位清洗流程每步清洗环节中（预冲洗、碱冲洗、酸冲洗、消毒冲洗等），平均需要20～30

次浪涌水柱方可彻底清洁挤奶系统。原位清洗流程中一定速度的浪涌水柱取代了物理刷洗动作，从而可有力擦洗设备表面，同时将人工清洁残留在管道内的固形污物冲刷除去。此外，浪涌水柱冲洗还可省冲洗水量和清洁剂 30% 左右，自然也同时降低了原位清洗成本。藉助空气喷射器（也称浪涌放大器）预先设定的开启时长、进气速率和关闭时长而分别控制浪涌水柱完整性、速度高低和长度大小，故而保持空气喷射器清洁非常关键，参阅图 11-16。

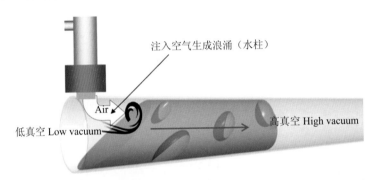

图 11-15　浪涌水柱生成原理

图 11-16　浪涌放大器

左分图示浪涌放大器太脏，需及时清理；否则会影响其正常功能。

1. 为何需要保持浪涌水柱完整性？

通常，为彻底清洗挤奶系统，会在挤奶管道一端距牛奶接收罐入口处90厘米左右装置一蝶形三通阀，也称牛奶/清洗转向塞：挤奶期间向奶流开通，而原位清洗期间则向奶流关闭。所以，挤奶系统原位清洗期间该塞将迫使清洗溶液沿同一方向全程冲洗挤奶管道。一般在挤奶管道距该三通阀约50厘米处安装空气喷射器。原位清洗期间，其将空气注入挤奶管道内，从而使清洗溶液生成浪涌水柱沿着挤奶管道全长冲刷前行，最终进入牛奶接收罐实施爆解激溅水花式冲刷全罐内壁彻底清洗，同时也顺便清洗与奶水分离器连接管道。浪涌水柱完整性是指：浪涌水柱在挤奶管道全长冲刷前行必须始终如一聚集成紧密固形圆柱状而不崩溃，直到抵达牛奶接收罐为止。否则，其将难以冲洗挤奶管道末端管道内壁顶部或牛奶接收罐内壁顶部。为此，在原位清洗过程中任何特定时间，挤奶管道内只能有一个浪涌水柱。如果第一个浪涌水柱未进入牛奶接收罐之前就再次注入空气生成第二个浪涌水柱，则第一个浪涌水柱将会瞬时因压力不够而失效，导致在挤奶管道内壁顶部和牛奶接收罐内壁顶部留下牛奶残垢。只要当浪涌水柱沿挤奶管道全长冲刷清洗前行时合理关闭空气喷射器阻止空气进入，那就可以保持浪涌水柱紧密完整性直达牛奶接收罐，参阅图11-17。合理调整空气喷射器开启时间长短可维持浪涌水柱紧密完整无缺最终进入牛奶接收罐。此处需要理解的是：当空气喷射器允许空气进入挤奶管道期间（即开启时长），生成的浪涌水柱将以恒定速度在挤奶管道冲刷前行；空气喷射器开启时长与浪涌水柱速度无关，其只是决定浪涌水柱将以预定速度冲刷清洗前行多久。那么，如何决定空气喷射器开启时长呢？

1）确定浪涌水柱在挤奶管道的冲刷清洗距离，即从浪涌水柱设置点起至牛奶接收罐终止的总距离长度；

2）将此总距离长度除以7.62米即为空气喷射器开启总时长；

3）空气喷射器开启时长宜充足，藉以确保浪涌水柱冲刷清洗前行至牛奶接收罐才分解。

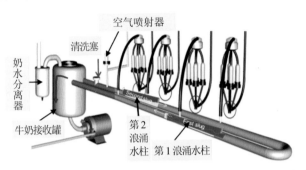

图11-17　第一个浪涌水柱未进入牛奶接收罐之前就再次注入空气生成第二个浪涌水柱，则第一个浪涌水柱将会瞬时因压力不够而失效

2. 如何决定浪涌水柱速度？

1）浪涌水柱速度多少为宜？

为了有效地清洁挤奶系统管道，浪涌水柱速度需在每秒 6 ～ 12 米之间，最佳范围是每秒 7.6 ～ 10.7 米。浪涌水柱速度高低由浪涌放大器喷注空气量的多少决定。换言之，浪涌水柱速度取决于其前端真空度（即牛奶接收罐真空度）和后端真空度（即浪涌放大器喷注空气所致真空度降低）之间差值；通常差值为 20 ～ 27 千帕。浪涌放大器喷注进的空气将浪涌水柱推向牛奶接收罐，空气量越大，浪涌水柱两端真空度差值越大，浪涌水柱速度越快，参阅图 11-18。如果浪涌水柱速度低于每秒 6 米，那将无法保持紧密浪涌水柱状态，故清洗溶液不能充分接触挤奶系统管道全部内壁并强力冲刷清洁。如果浪涌水柱速度超过每秒 12 米，则浪涌水柱清洗溶液含量将降至 50％以下，自然无足够冲刷力来清洁挤奶系统管道，参阅图 11-19。

注入空气生成浪涌（水柱）

Air

20 千帕　　　　　　47 千帕

图 11-18　浪涌水柱前端（流向牛奶接收罐）真空度为 47 千帕，其后端因注入空气而致真空度下降为 20 千帕，两者之间差值是 27 千帕

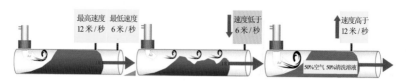

最高速度　最低速度
12 米/秒　6 米/秒

速度低于
6 米/秒

速度高于
12 米/秒

50%空气 50%清洗溶液

图 11-19　左分图示浪涌水柱正常速度范围；中分图示如速度低于每秒 6 米，则难以维持紧密浪涌水柱状态；右分图示如速度高于每秒 12 米，则浪涌水柱含 50% 空气和 50% 清洗溶液，冲刷清洗效果欠佳

2）如何计算浪涌水柱速度？

如何测定和调整浪涌水柱速度？常用检测仪器 TriScan 来完成。Tri Scan 监测挤奶管道内两位点真空度变化，从而可以检测浪涌水柱冲刷清洗挤奶管道状况。如图 11-20 左分图将 TriScan 检测线路 1 和检测线路 2 分别连接在挤奶管道前端测定位点（蓝线）和后端测定位点（红线），然后测量两点之间的距离。假设距离为 38 米（因为没有在挤奶管道全长距离范围进行检测），实际检测时可获两点之间真空度下降的 TriScan 图形，如图 11-20 中分图，继之可依据该图计算浪涌水柱速度：图中每小格横向代表 1 秒钟，而竖向则代表 6.8 千帕真空度。当浪涌水柱通过挤奶管道前端测定位点蓝线第一点时，会检测出该挤奶管道内真空度从大约 47 千帕下降至 20 千帕；而此时连接到挤奶管道后端测定位点（红线）的真空度依然为 47 千帕；浪涌水柱继续前行至蓝线第二点，此时挤奶管道后端测定位点真空

度亦下降（红线）；而当浪涌水柱离开挤奶管道进入牛奶接收罐时，挤奶管道两测定位点真空度均同步回升。随后，下一个浪涌水柱又来了，TriScan 继续记录。利用所获 TriScan 图形信息，可以估算浪涌水柱速度。从图 11-20 右分图能看出：从第 1 测试点至第 2 测试点时长 5 秒钟；而这两测试点之间距离是 38 米；将该距离除以浪涌水柱前行时长，就可得出浪涌水柱速度，本例浪涌速度为 7.6 米 / 秒。

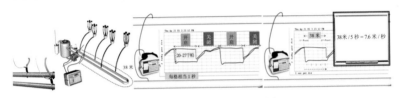

图 11-20　如何检测浪涌水柱速度

3）如何计算特定浪涌水柱速度需要注入多少空气？

有特定公式可以计算，但本章不赘述，仅以图 11-21 简洁演示说明。图 11-21 中的数据表适用于低位挤奶系统：首先确定挤奶管道直径大小是多少？假设挤奶管道直径为 9.8 厘米，那么需在相应列中查找需要拔出多少个气孔。前述范例浪涌水柱速度为 7.6 米 / 秒，但假设拟降低为 6.1 米 / 秒，查阅此表获得：需要开启 9 个气孔，藉以允许 35 升 / 秒进气速率而使浪涌水柱速度降低至 6.1 米 / 秒。

3. 如何决定浪涌水柱长度？

1）为何浪涌水柱需要维持适宜长度？

浪涌水柱必须具有最小长度才能保持其正常功能紧密团聚状态；否则，浪涌水柱后端较高气压（较低真空度）将源源不断通过浪涌水柱，藉以与前端较低气压（较高真空度）均衡，自然造成浪涌水柱难以紧密团聚在一起，参阅图 11-22。浪涌水柱最小长度取决于挤奶管道直径大小，不同挤奶管道直径大小所需要的最小浪涌水柱长度参见图 11-23。浪涌水柱最大长度取决于牛奶接收罐容积大小；一般而言，浪涌水柱进入牛奶接收罐时，其不应超过该罐子总容积的 1/3；否则，就会溢出而淹没奶水分离罐；参阅图 11-23。实践中，常从设定浪涌水柱最小长度开始进行清洗，并根据需要增加清洗溶液量，藉以彻底清洁牛奶接收罐。

浪涌水柱速度		管道直径											
		98mm (4")			73mm (3")			60mm (2.5")			48mm (2")		
Mts/Sec	Ft/Sec	Lts/sec	cfm	# holes	Lts/sec	cfm	# holes	Lts/sec	cfm	# holes	Lts/sec	cfm	# holes
4.6	15	1586	56	7	906	32	4	623	22	3	651	23	3
4.9	16	1699	60	8	963	34	4	680	24	3	680	24	3
5.2	17	1812	64	8	1019	36	5	708	25	3	736	26	3
5.5	18	1926	68	9	1076	38	5	736	26	3	765	27	3
5.8	19	2010	71	9	1133	40	5	793	28	4	821	29	4
6.1	20	2124	75	9	1189	42	5	821	29	4	850	30	4
6.4	21	2322	82	10	1303	46	6	906	32	4	906	32	4
6.7	22	2492	88	11	1416	50	6	963	34	4	934	33	4
7.0	23	2690	95	12	1529	54	7	1048	37	5	991	35	4
7.3	24	2888	102	13	1642	58	7	1133	40	5	1019	36	5
7.6	25	3115	110	14	906	32	4	1218	43	5	1076	38	5
7.9	26	3313	117	15	1869	66	8	1303	46	6	1104	39	5
8.2	27	3540	125	16	1982	70	9	1388	49	6	1161	41	5
8.5	28	3766	133	17	2124	75	9	1472	52	7	1189	42	5
8.8	29	4021	142	18	2265	80	10	1557	55	7	1246	44	6
9.1	30	4248	150	19	2407	85	11	1671	59	7	1274	45	6
9.4	31	4502	159	20	2549	90	11	1756	62	8	1331	47	6
9.8	33	4757	168	21	2690	95	12	1869	66	8	1359	48	6
10.1	33	5040	178	22	2832	100	13	1954	69	9	1416	50	7
10.4	34	5295	187	23	3002	106	13	2067	73	9	1444	51	7
10.7	35	5578	197	25	3143	111	14	2180	77	10	1501	53	7
11.0	36	5862	207	26	3313	117	15	2294	81	10	1529	54	7
11.3	37	6173	218	27	3483	123	15	2407	85	11	1586	56	7
11.6	38	6485	229	29	3653	129	16	2520	89	11	1614	57	7
11.9	39	6768	239	30	3823	135	16	2662	94	12	1671	59	7
12.2	40	7108	251	31	3993	141	18	2775	98	12	1699	60	8

备注：#holes=浪涌放大器开启 / 关闭气孔数目；Mts·Sec=米·秒；Ft·Sec=英尺·秒；Lts·Sec=升·秒；cfm=立方英尺 / 分

图 11-21　系统真空度为 40 千帕，确定特定浪涌水柱速度所需进气速率参照表
注意：原表 Lts/Sec 有误，应纠正为 Lts/m，即"升 / 分"。

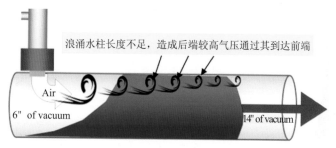

图 11-22　浪涌水柱必须具有最小长度

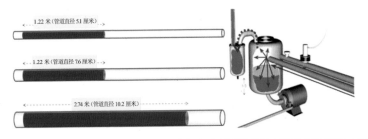

图 11-23　左分图示不同挤奶管道直径大小所需要的最小浪涌水柱长度；右分图示浪涌水柱进入牛奶接收罐时，其超过该罐总容积的 1/3，结果导致清洗溶液溢出而淹没奶水分离器

2）如何计算浪涌水柱长度大小？

有 3 种方法可以计算浪涌水柱长度大小是否适宜，原理类同：

A. 浪涌水柱速度乘以浪涌放大器开启时长。

B. 实践中常用在挤奶管道两个测量点间的距离除以浪涌放大器开启时长；为保证检测结果精确，两个测量点距离至少间隔 9 米以上。

C. 牛奶接收罐总容量的 1/3 除以挤奶管道横面积。

4. 如何知道浪涌放大器设定出了问题？

1）浪涌水柱总量超过牛奶接收罐容量的 1/3。

2）牛奶接收罐内清洗溶液水面在清洗循环中总不变化。

3）奶泵在清洗循环中从不关闭。

4）在清洗循环过程中，奶水分离器球阀会使系统真空度关闭。

5）清洗结束真空泵停转后，大量清洗溶液从真空平衡罐流出。

6）空气经常在清洗槽被吸入挤奶系统。

7）生成浪涌水柱真空度降低不足：

A. 挤奶管道直径为 5.1 厘米，真空度降幅必须至少 10 千帕；

B. 挤奶管道直径为 7.6 厘米，真空度降幅必须至少 17～20 千帕；

C. 真空度降低幅度不足，浪涌水柱就会很短，一般少于 0.9 米，从而导致过量空气穿越浪涌水柱；

D. 真空度下降速率过慢表明浪涌水柱速度低，通常缘于挤奶管道内水量过多，牛奶/清洗转向塞密封不严。

5. 现场实测浪涌水柱清洗工作例证

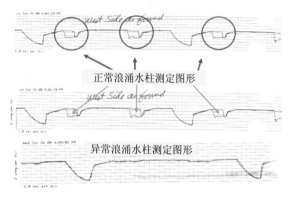

正常浪涌水柱测定图形

异常浪涌水柱测定图形

图 11-24　分别示正常和异常浪涌水柱真空度变化图形

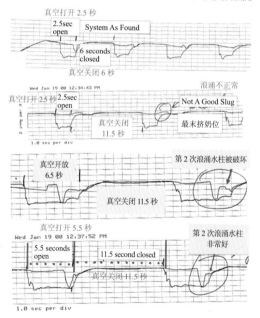

图 11-25　三上份图分别示因浪涌放大器设置开启时长和关闭时长欠妥，导致浪涌水柱异常；底份图示调整后效果

八、本章问题

某奶牛场上个月对挤奶管道进行了升级改造，结果发现储奶大罐原奶细菌数超标。如果怀疑挤奶系统原位清洗不到位，那问题可能涉及哪些环节？

第十二章 如何正确做好原奶细菌数超标成因分析?

一、前言

1. 原奶（通常也称生鲜奶或生牛奶）质量优劣的参照标准

1）理化特性：

A. 颜色与质地：外观呈乳白色或略带微黄色的均匀胶体，无黏稠、浓厚、分层现象；不得有肉眼可见的机械杂质。

B. 气味：具备乳的正常滋气味，不得有苦、咸、涩、臭和刺鼻气味。

C. 酸性：14 ～ 18。

D. 无异物：不得注水，或有杀虫剂、抗生素、防腐剂、乳头药浴液残留。

E. 营养组成：蛋白质、脂肪、乳糖、矿物质等，视奶牛品种不同而制定相应标准。

2）生物特性（卫生指标）：

A. 体细胞数：是否为健康泌乳牛产出的奶？一般要求控制在20万以下；亚临床乳房炎发病率管控良好奶牛场往往能够控制在15万左右，甚至更低。

B. 细菌数（微生物数）：牛奶里总有些细菌存在，牛奶里的细菌数按每毫升牛奶里活菌数衡量，单位是菌落数／毫升。此数据反映牛奶在生产、采集和储存过程中微生物污染水平。发达国家法律要求鲜奶微生物指标必须管控在 10 万以下，否则就属违法生产，将被吊销原奶生产许可证。我国目前要求参阅表 12-1，显而易见远低于发达国家，但近年来政府部门正在重新研究制定更高指标要求的鲜奶微生物的新国标。需要特别指出的是：我国各大奶牛养殖集团属下奶牛场制定的鲜奶微生物指标非常严格，一般要求必须低于 1 万。

表 12-1　我国目前鲜奶微生物指标

	标准	可接受	不可接受
菌落总数	≤ 50 万	50 万～ 100 万	>200 万
芽孢总数	≤ 100	100 ～ 1000	>1000
耐热芽孢总数	≤ 10	10 ～ 100	>100
嗜冷菌	≤ 100	100 ～ 1000	>1000

2. 为何细菌数量与牛奶卫生质量关系重大？

1）牛奶中的某些细菌可使人类和动物患病。

2）牛奶中的某些细菌可使牛奶品质下降：

A. 可破坏牛奶营养结构，如乳糖、蛋白质和脂肪；

B. 可分泌影响牛奶口味和化学特性的物质。

3. 鲜奶内的细菌来自何处？

以下仅提纲挈领简洁罗列，本章后续部分将会详尽论述。

1）来自周边环境；

2）来自乳房和乳头皮肤表面，挤奶时直接进入挤奶系统；

3）来自挤奶系统和储奶设备：

A. 缘于原位清洗失败（CIP），使细菌在两次挤奶间歇期间继续繁衍；

3) 班次挤奶时长超过 8 小时，俾使细菌得以在挤奶期间乘机繁衍。

4) 来自乳腺内部，如乳房炎致病菌。

4. 原位清洗是否到位对原奶细菌污染的重要性如何?

尽管挤奶操作流程中前处理欠佳，如将乳头未洁净就套杯挤奶，会造成牛奶污染；但如果挤奶系统原位清洗不到位，那残留的细菌会成倍增加而成为原奶污染的主因。

二、常用哪些细菌测量法来评估原奶微生物指标?

1. 标准平板菌落计数法（Standard Plate Count，SPC）

应用该法可获得原奶需氧细菌总数。具体操作：将奶样接种于平板上的半固态培养基，37℃培养 48 小时；这时平板上会出现肉眼可见的菌落（呈链状或簇状），计算菌落数，参阅图 12-1。细菌数计数单位是每毫升形成多少菌落（Colony Forming Units/ml，CFU/ml）。SPC 属广谱菌测试，测试结果包括所有可能的细菌，但不能显示出哪种细菌是优势菌。以无菌方式从干净健康奶牛乳腺采取的奶样，其 SPC 一般低于 1000。如 SPC 较高，则说明污染细菌通过各种途径进入原奶。现场实践虽不可能杜绝所有污染源，但仍有可能将细菌数控制在 5000 甚至 1000 以下。应要求绝大多数奶牛场将细菌数控制在 1 万或 1 万以下。挤奶设备清洗不彻底也是 SPC 偏高最常见的原因之一，因挤奶设备内残留原奶为细菌繁衍提供了营养，导致继后班次挤奶又造成新的污染。其他可能导致储奶大罐原奶 SPC 偏高的原因包括牛体不洁、挤奶厅和牛舍憩息环境过脏，以及未能将进入储奶大罐的原奶迅速冷却或未衡定储存在 4.4℃以下。极少情况下也会因患乳房炎牛排出大量细菌而致 SPC 升高。

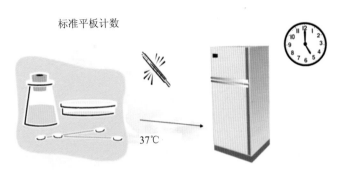

标准平板计数

37℃

图 12-1　标准平板计数法：将牛奶样品接种培养皿，置 37℃ 48 小时后，肉眼计数菌落数量

2. 初步培养菌落计数法（Preliminary Incubation Count，PIC）

初步培养菌落计数法（PIC）主要监控原奶生产实践。具体检测步骤：在 SPC 前，预先将奶样置于 12.8℃ 18 个小时。该步骤主要促进嗜冷菌生长，然后再用 SPC 计数方式检测细菌总数，继之和未做 PIC 奶样的 SPC 进行对比，以确定细菌总数是否有明显增加。虽有时发现 PIC 并无变化或甚至低于 SPC，但大部分情况下 PIC 高于 SPC。如前者高出后者 3 ～ 4 倍，即视为明显增长，但这也取决于 SPC 初始数值的高低。虽有时前者等于后者，极个别情况下前者还会小于后者，但也有人认为不论 SPC 是多少，只要 PIC 大于 5 万就必须予以关注。应该注意的是，同一奶样的污染细菌在这一检测过程中生长速率并不一致，故使得污染程度相同奶样的 PIC 值会呈现较大差异。

绝大多数情况下，PIC 偏高缘于挤奶设备清洗和消毒不彻底所致，或有时归因于乳房过脏且清洁不到位造成。虽有例外，但奶牛本身携带菌（也含乳房炎致病菌）在 PIC 检测温度下数量不会明显增加。如 PIC 相似于偏高的 SPC（如大于 5 万），或高于其，或低于其，那么 SPC 的这种偏高就可能源于乳房炎致病菌。如冷却温度稍高（如高于 4℃）或储存时间过长，都会使微生物在冷却温度下仍能繁衍，结果导致 PIC 超标。嗜冷菌在冷却温度下仍能很好繁殖，常使 PIC 偏高。虽 PIC 偏高原奶中的嗜冷菌可能会给巴氏消毒奶带来质量问题，但 PIC 偏高原奶并不一定意味着经巴氏消毒加工后存在潜在质量问题或保质期问题。这些嗜冷菌大部分在巴氏消毒过程中被杀灭，但经巴氏消毒后如又被污染，那么嗜冷菌还会再次滋生繁衍。

3. 实验室巴氏菌落计数法（Lab Pasteurized Count，LPC）

虽绝大部分细菌经巴氏消毒后会被杀灭，但某些细菌仍会存活，实验室巴氏菌落计数法（LPC）就是用来估算奶样经巴氏消毒后仍存活下来的那部分细菌，参阅图 12-2。将奶样模拟巴氏消毒过程，置 62.8℃ 30 分钟，然后再用 SPC 检测存活细菌总数（嗜热菌）；嗜热菌可抵御高温，繁殖较慢，能在挤奶系统内持续繁殖，其可使奶酪类产品变质。通常，经模拟巴氏消毒后的奶样细菌总数（LPC）要远低于未经模拟巴氏消毒后的奶样细菌总数（SPC）。如 LPC 高过 200～300 即为超标。奶牛本身携带菌（含乳房炎致病菌），除很少一部分外，大多并非嗜热菌。LPC 偏高常由于挤奶系统某些部位长期或持续清洗不彻底所导致，也有可能因乳房极脏并清洁不到位造成。LPC 偏高的其他常见原因有：真空泵漏气，管道垫片、奶衬或其他橡胶件老化，以及奶石沉积。

图 12-2　实验室巴氏菌落计数法：可测出在 62.8℃ 温度下存活 30 分钟的细菌，这类细菌耐热，因其能抵御高温

4. 大肠杆菌计数法（Coliform Count，CC）

应用大肠杆菌计数法主要检测原奶中源于粪便或脏污环境的细菌。将奶样置于一种可促进大肠杆菌生长但却抑制其他细菌生长的特殊培养液中，经一段时间培养后计数，参阅图 12-3。虽大肠杆菌通常作为粪便污染程度指标，但大肠杆菌实际上无处不在。乳房过脏且清洁不到位或挤奶时奶杯掉落到粪便中，都会使大肠杆菌进入原奶。通常情况下，大肠杆菌数大于 50 时，就表明挤奶卫生较差，或受到其他污染。大肠杆菌数偏高常因挤奶设备肮脏，极少情况下归因于大肠杆菌乳房炎患牛。

图 12-3　大肠杆菌计数法：将奶样接种于一种可促进大肠杆菌生长但却抑制其他细菌生长的特殊培养液中，在 32℃ 培养 48 小时，然后计算大肠杆菌数量

三、美国原奶细菌指标标准如何？

表 12-2 列举了美国原奶细菌指标行业标准和官方标准，可用于原奶细菌指标等级评估或指标超标问题查因。原奶细菌指标管理体系中所采用的检测方法和标准因加工厂理念不同而有所差异，优质原奶的定价，常会用运营良好奶牛场各项指标作为参考。虽这些检测方法的某些标准，"官方"并未采纳，但作为行业标准，仍具有非常重要的意义。

表 12-2　美国原奶细菌指标行业标准和官方标准

检测方法	行业标准			官方标准
	及格（A级）	良好	最优	
SPC	<100000（需要进一步降低）	<10000（需要注意改进）	<1000	≤100000
LPC	<1000（需要进一步降低）	<100（需要注意改进）	<10	暂无
PI	50000～100000 或显著高于 SPC			暂无
大肠杆菌计数法	<1000（需要进一步降低）	<100（需要注意改进）	<10	<750（加利福尼亚）

单位：每毫升菌落形成数（CFU/ml）。

四、原奶细菌数偏高成因如何破解？

原奶是由乳腺特殊细胞合成并分泌到乳腺腺泡内，整个过程无菌。此后，细菌将主要通过 3 个途径污染原奶：乳房内部、乳房外部、挤奶设备和储奶大罐。奶牛健康与卫生、其憩息环境和挤奶操作流程、挤奶设备和储奶大罐的原位清洗消毒流程均是影响原奶细菌污染程度的关键因素；同样重要的还有原奶储存温度和时间，这两个因素如控制不当，亦会使细菌成倍生长。以上这些因素无疑均会对 SPC 和原奶细菌种类产生影响。原奶中有些细菌只有单一来源，但有些细菌却有几个来源。准确破解需要鉴别测试，这种测试需要检验几种不同细菌，并比较各种数值。此外，了解不同细菌特点和生长速度亦有助于诊断。

1. 乳房内部细菌污染（图12-4）

原奶从健康奶牛挤出时通常细菌含量极低，一般少于 1000CFU/ml。就健康奶牛本身来说，虽乳房内污染不会影响储奶大罐原奶细菌计数，亦不会对冷却期间细菌增长有潜在影响，但其乳头乳池、乳头管和乳头末端仍可不同程度地滋生各种细菌。奶牛本身携带菌一般不会影响 LPC、PIC 或大肠杆菌数。健康乳房对储奶大罐原奶 SPC

影响微乎其微，而乳房炎患牛可能会排出大量细菌进入原奶，影响程度取决于乳房炎致病菌种类、感染阶段和全群感染率。乳房炎患牛原奶细菌总数可能超过 1000 万个 /ml。如患牛原奶量（细菌含量 1000 个 /ml）占储奶大罐原奶量的 1%，那么，即使无其他污染，储奶大罐原奶细菌总数也会达到 10 万个 /ml。

虽其他乳房炎致病菌也会对储奶大罐原奶细菌总数产生影响，但最常见的影响储奶大罐原奶细菌总数的是链球菌类（特别是无乳链球菌和乳房链球菌）。尽管金黄色葡萄球菌有时在储奶大罐原奶里可高达 60000 个 /ml，但通常并不视其为致储奶大罐原奶细菌数偏高的常见原因。如大罐原奶里查出乳房炎致病菌，也不一定就表明这些细菌来源于感染乳房炎患牛。其他一些因素也可能会造成环境型乳房炎致病菌或类似细菌污染原奶，如牛体过脏、挤奶设备清洗不彻底或原奶冷却不当等。有时，会用体细胞数（SCC）来判断储奶大罐原奶细菌总数偏高是否由乳房炎致病菌所致，尤其是针对链球菌类致病菌，但金黄色葡萄球菌相对而言进入原奶数量并不多。经研究发现，储奶大罐原奶细菌总数增高与 SCC 和环境型乳房炎致病菌（如大肠杆菌、链球菌、阴性葡萄球菌）之间相关性较差。这些致病菌原本就存在奶牛周边环境，可经由其他途径污染储奶大罐原奶。一般而言，挤奶设备肮脏或原奶冷却不当，并不会使金黄色葡萄球菌和无乳链球菌显著增长，这也更有力地证明这些细菌是来自感染该菌的乳房炎患牛。总之，除有时大肠杆菌

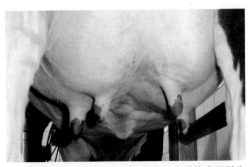

图 12-4　某些乳房炎致病菌可由感染患区随牛奶被挤入挤奶系统

乳房炎会使储奶大罐原奶大肠杆菌数有所增加外，乳房炎致病菌一般情况下并不会影响 LPC 和 PIC。

2. 乳房外部细菌污染（图12-5）

乳房和乳头外部细菌来自奶牛皮肤本身携带菌和其憩息环境及挤奶操作过程。通常奶牛本身携带菌对储奶大罐原奶细菌总数直接影响甚微，而且其中大多数都无法在原奶中与其他细菌竞争而繁衍增长，影响储奶大罐原奶细菌总数的细菌主要来自污粘了粪便、泥巴、饲料或垫料的乳头。当奶牛憩息肮脏卧床或行走于泥污，其乳房和乳头不可避免地被弄脏。使用过的牛床垫料中会滋生着大量细菌，其数量通常高达 1 亿到 100 亿个 / 克以上。牛床垫料污染到乳房和乳头的细菌包括大肠杆菌、葡萄球菌、环境链球菌、芽孢杆菌、酵母菌、霉菌、真菌和其他革兰氏阴性菌。在乳头皮肤表面常可发现嗜冷菌和嗜热菌，说明来自乳房外部的细菌污染，会影响 LPC、PIC 和大肠杆菌数。

肮脏奶牛对原奶细菌总数的影响程度取决于其肮脏程度和挤奶前清洗步骤。例如，乳头上有 1 克含有 1 亿细菌的脏污，落入这头奶牛所挤出的 13400 克原奶，不考虑其他因素影响，那么该奶牛所产原奶细菌总数将会超过 7000 个 /ml。从肮脏奶牛挤出的原奶可使储奶大罐原奶细菌总数超过 1 万个 /ml。曾做过几项相关研究，来探讨挤奶前乳房清洁技术和储奶大罐原奶细菌总数之间的关系。通常，对乳头用消毒液（喷枪、药浴杯或湿纸巾）彻底清洁后，再用干净毛巾彻底擦干，就可有效减少由于乳头脏污而造成的原奶细菌数量增高。在这些研究中，对照组没有进行清洁处理，但与粪便、泥污和牛床垫料紧密相关的大肠杆菌数却极低，说明原奶大肠杆菌数偏高还可能有其他成因。

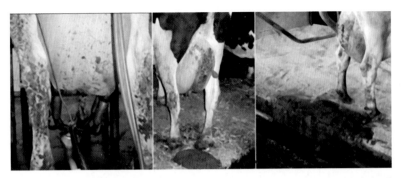

图 12-5　大肠杆菌可经由乳房和乳头皮肤进入牛奶；挤奶时如果挤奶杯组脱落，大肠杆菌可从奶厅环境进入挤奶系统；大肠杆菌在牛粪便中数量巨大，原奶大肠杆菌数量反映了乳房和乳头皮肤清洁程度

3.挤奶设备原位清洗和消毒流程的影响（图12-6）

挤奶系统清洁程度对储奶大罐原奶细菌总数的影响最重要，挤奶设备内残留原奶可促进各种细菌生长。乳头管、乳头末端和乳头皮肤本身携带菌在挤奶设备内残留原奶，或在原奶冷却过程中并不显著增长。尽管可能有例外，一些传染性乳房炎致病菌（如无乳链球菌）也是如此。不过，某些环境型乳房炎致病菌（如大肠杆菌）则会在挤奶设备管道内大量生长。总之，环境型细菌（如来自牛床、粪便和饲料）更容易在肮脏挤奶设备内生长。奶牛场用水也可能是细菌污染源之一，尤其嗜冷菌会在肮脏挤奶设备内和原奶中滋生。

认真执行清洗和消毒流程可清除挤奶设备内的残留牛奶，从而降低其中某些细菌的生长速度和减少某些细菌种类，因为这些残留牛奶不仅可促进细菌生长，还能提供某种特定细菌的生长环境。某些抵抗力较强的细菌或嗜热菌即使挤奶设备用热水充分清洗后仍会有少量存活。如挤奶设备内有原奶残留（如奶石），这些细菌就会缓慢持续生长。老化开裂的橡胶件也会促进滋生大量嗜热菌。虽 LPC可检测出这些细菌数量的增长，但需要几天或几周时间后，其数量才可增长到影响储奶大罐原奶细菌总数的水平。

清洗不充分，如水温较低或不使用消毒剂，会使抵抗力较弱的细菌，尤其是革兰氏阴性杆菌（如大肠杆菌和假单胞菌）和乳酸链球菌迅速繁衍，这将导致 PIC 偏高，有时也会使 LPC 值升高。使用含氯或含碘消毒剂可有效减少导致 PIC 偏高的嗜冷菌数量。细菌总数偏高原奶中，嗜冷菌最为常见，通常缘于清洗或消毒流程不当，或储奶大罐清洗不彻底。

图 12-6　未清洗干净的挤奶设备是嗜热菌和大肠杆菌的主要来源

4. 原奶储存温度和时间的影响

冷却，可防止非嗜冷菌生长，但不能防止由肮脏奶牛、不洁设备和肮脏环境进入原奶的嗜冷菌生长。尽一切努力减少嗜冷菌污染源，就可防止奶牛场或加工厂储奶大罐原奶嗜冷菌在冷却过程中繁衍过多。嗜冷菌并不耐热，经巴氏消毒就可杀灭。原奶储存越久（一般 5 天：2 天在牧场；3 天在加工厂），嗜冷菌大量繁衍增长的可能性就越大。原奶储存在 7.5℃，嗜冷菌增长速度比在 4.4℃快。在理想储存条件初始，储奶大罐原奶嗜冷菌数量仅占大罐原奶细菌总数不足 10%，但如果在 4.4℃ 2～3 天后，嗜冷菌就会成为储奶大罐原奶优势细菌，这自然会显著影响PIC。采用更低冷却温度（1～2℃）会延缓这种现象发生，但效果并不明显。

在7.2℃以上冷却，除嗜冷菌，其他类型细菌也会快速繁衍生长，并成为储奶大罐原奶优势细菌。尽管冷却不当时有发生，但当原奶装入密封罐运输时这类不当并不多见。储奶大罐原奶链球菌类过多常与冷却不当有关，其在显微镜下呈现为成对或链状球形菌。这些细菌可能会使原奶变酸，某些种类细菌还会使原奶散发出明显易被嗅闻出的啤酒味。冷却不当不仅会使嗜冷菌繁衍，也会使非嗜冷菌生长，这些非嗜冷菌通常会在冷却时停止生长，其生长速率取决于其在原奶中的初始数量。

五、如何分析储奶大罐原奶细菌指标变化趋势？

1. 为何要使用细菌数对数值曲线？

如果储奶大罐原位清洗不到位，储存的原奶细菌数将呈几何倍数增长而非累加，每日可增长10倍：第1日1000；第2日10000；第3日100000。以菌落/毫升为单位很难形象地表示出细菌数的这种变化，因低值很多，而高值很少。如果转化为对数值（每一刻度=10次方）来标定细菌生长速度，则很容易发现异常值；参阅图12-7；如何换算对数值？

1）零的数量有多少？

1000=log3；10000=log4；100000=log5；1000000=log6

2）从3.0至3.9是以千增长：

log3.3=2000；log3.9=8000

3）从4.0至4.9是以万增长：

log4.3=20000；log4.9=80000

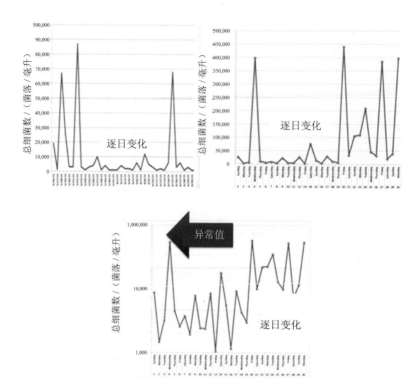

图 12-7　左上分图示细菌呈几何倍数增长；右上分中分图示以菌落 / 毫升为单位很难形象地表示出细菌数变化，低值很多，高值很少；下分图示转化为对数值后很容易识别异常值

2. 挤奶设备原位清洗失败，储奶大罐原奶细菌繁衍增长趋势两组数值趋势图有何差异？

挤奶设备原位清洗失败造成储奶大罐原奶细菌持续繁衍增长，如不使用对数值变化趋势图，早期的增长趋势就很难发现；如果使用对数值变化趋势图，那么就很容易察觉，参阅图 12-8。

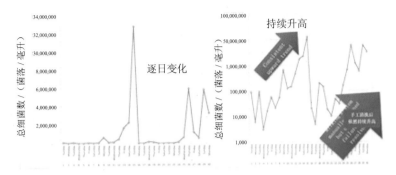

图 12-8　挤奶设备原位清洗失败造成储奶大罐原奶细菌持续繁衍增长；原始数据相同，左分图为非对数值变化趋势图；右分图为对数值变化趋势图

3. 乳头污染或环境污染导致的原奶细菌繁衍增长对数值变化趋势图如何？

储奶大罐原奶如原先被乳头污染或环境污染，其细菌繁衍增长对数值变化趋势参阅图 12-9。可发现变化幅度大且变化趋势不连贯，反映饲养管理措施或挤奶操作流程并未始终如一：如挤奶操作流程前处理环节有时到位，有时未到位；或卧床垫料频率或种类更改，等等。

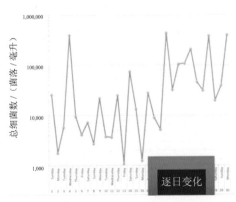

图 12-9　乳头污染或环境污染原奶细菌繁衍增长对数值变化趋势图

4. 根据储奶大罐原奶细菌测定结果如何建立诊断？

1）如何诊断图12-10？

诊断：污染缘于乳房和乳头皮肤太脏，挤奶操作流程前处理不到位。

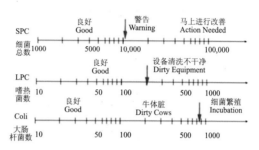

图 12-10　示大肠杆菌数 >800，嗜热菌数低于大肠杆菌数，细菌总数略高于10000

2）如何诊断图12-11？

诊断：挤奶设备长期清洗不干净。

图 12-11　示大肠杆菌数低于嗜热菌数，嗜热菌数 >800，细菌总数略高于10000

3）如何诊断图12-12？

诊断：挤奶系统中有细菌繁殖区域，需要定点取样检测，藉以确定该区域。

如何做好挤奶系统功能评估工作

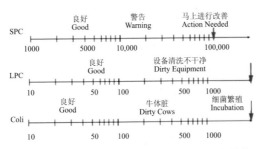

图 12-12　示大肠杆菌数 >1000，嗜热菌数 >1000，细菌总数 >100000

六、本章小结

原奶细菌污染是由各种各样细菌通过多种途径所致，正因如此，其成因难以简捷断定。细菌总数偏高是各种因素共同作用的结果（如挤奶设备脏污加上冷却温度过高）。除 SPC 外，还有其他检测方法可用来评估原奶细菌指标，如 LPC、PIC 和大肠杆菌计数法，这些方法通常用来检测那些非奶牛本身携带菌。当然，虽本章未介绍，但有时还需应用更深入的手段来检测原奶细菌（如乳房炎致病菌培养法）。表 12-3 简括了借助上述细菌检测方法发现原奶细菌总数偏高的可能原因。

表 12-3　检测结果所提示的细菌污染成因

检测结果	本身携带	乳房炎	奶牛脏	挤奶设备脏	冷冻不当
SPC>10000	不可能	可能	可能	可能	可能
SPC>100000	不可能	少有	不可能	可能	可能
LPC>200~300	不可能	不可能	可能	可能	不可能
PIC > SPC	不可能	不可能	可能	可能	可能
SPC 高，PIC 无变化	不可能	可能	有时	有时	几不可能
大肠杆菌值高	不可能	少有	可能	可能	几不可能

七、本章问题

1. 脏污乳房和乳头皮肤是造成牛奶污染原因之一，应用何种细菌培养计数法可以检测出来？

2. 何种细菌培养计数法获得的细菌数量最多？

3. 为何需要应用细菌数量对数值趋势线图分析原奶细菌数超标成因？

第十三章　如何做好原奶冷却储存工作?

　　健康奶牛在清洁环境下生产挤出的牛奶（也称原奶、生鲜奶或生牛奶）含细菌数相对较少。然而，这些少量的细菌也会不断增殖。尽管在2℃（35℉）温度条件下增殖相当缓慢，但温度一旦超过10℃（50℉），原奶中的细菌就会迅速大量增殖，所以原奶在挤出后需尽快进行冷却，这样才能将细菌数保持在较低水平；此外，对原奶进行适当冷却还会延长以原奶为原料的牛奶制品的保质期，同时降低牛奶风味损失和因牛奶变质的致病风险。

一、冷却时间都有哪些要求?

　　全球大多数国家包括我国都规定原奶采集完毕后要迅速冷却，并保持在1～4℃（34～40℉）之间。比如"加拿大国家乳制品规范（Canadian National Dairy Code）"要求最初进入直冷储奶大罐的原奶需在1个小时以内冷却至10℃（50℉）以下，并在挤奶完成后2小时之内降到4℃（34～40℉）以下；再有，下一班次挤的原奶进入储奶大罐的过程中，混合牛奶温度不得超过10℃（50℉），同时在挤奶结束后1小时之内，混合牛奶应冷却至1～4℃温度，并且始终保持在此范围，这仅仅只是最低要求。目前在大多数奶牛场，借助更快的冷却速度，俾助益于保证原奶品质稳定。高效牛奶冷却系统能在第一班次挤奶结束后，30分钟以内将牛奶温度降到4℃以下，并在随后挤奶班次挤奶期间鲜奶源源不断进入混合时，确保储奶大罐奶温至少在7℃以下。应用智能机器人自动挤奶系统的奶牛场，由于牛群大而且挤奶时间长，所以牛奶应该在进入储奶大罐时就被迅速冷却。

由于迅速冷却，原奶中细菌繁殖很少，而且搅拌时间较短，所以该过程并不会对原奶造成什么损害。

二、制冷罐（也称冷却罐；图13-1）工作原理是什么？

图13-1　牛奶中的热量在制冷罐底部被吸收并排出罐外

大多数奶牛场挤出的原奶在储奶大罐中通过与温度较低的奶罐壁接触冷却，被奶罐壁吸收的热量再由制冷剂气体传送到制冷装置，然后由此排出。冰水池制冷罐藉助两次挤奶之间在罐壁间蓄积的冰水进行牛奶冷却；直冷储奶大罐在其底部安装有蒸发板（冷却表面）。由于压缩机工作时间较短，直冷储奶大罐需要功率更大的压缩机，但所耗能量减少，这种制冷设备目前较为普及。

冷凝器是制冷装置的一部分（也称冷排），制冷剂气体中的热量在此处排出。其外表看起来就像汽车散热器，与压缩机装在同一个框架上。大多数冷凝器使用风扇驱动空气冷却制冷设备；将空气和水结合起来，可制成制冷机热回收系统，随后简述。

为了同时保证卫生和制冷效率，应将制冷机和储奶大罐安装在不同的设备间。对于风冷冷凝器来说，牛奶冷却能力取决于空气冷却中制冷剂气体的能力。随着灰土堆积，冷凝器散热器的散热效率将会严重降低，所以定期清洁这些部件表面有助于节能和保证原奶品质，参阅图13-2。

保持冷凝器散热片清洁，有助改善冷却效率。

图13-2 始终确保冷凝器散热片清洁无灰尘，有助改善冷却效率

出于同样原因，为制冷机组提供新鲜空气也很重要；我们推荐使用恒温控制器来确保空气循环畅通，确保制冷机产生的热量尽可能及时快速排放出去，参阅图13-3。

图 13-3　保持适当通风是为制冷机组提供新鲜空气的必要条件

　　此外，训练有素的制冷技术人员需定期检查制冷剂气体压力。一直以来，常用制冷剂为氟里昂 R-12。由于其有害环境，所以严格禁止直接排放到环境中，应该由训练有素的技术人员将其替换掉。即使不久有可能开发出环境无害型制冷剂，但目前氟利昂 R-12 依然还是使用最普遍的制冷剂。

　　原奶进入储奶大罐制冷期间需充分缓慢搅拌是普通常识，它可防止靠近罐壁的牛奶结冰，同时也能避免牛奶表层温度过高。通常建议使用计时器来保证每小时搅拌 2 ～ 5 分钟，这将保证牛奶温度在储存期间分布平衡均匀，藉以规避取样误差。当进入储奶大罐的原奶足以覆盖奶罐底部时，制冷系统应适时自动切换到开启状态；

如果在原奶液面碰触搅拌器之前就开启制冷系统，则会造成原奶结冰，从而影响原奶品质；但倘如开启过迟，自然又会增加细菌繁衍。对于容量较大储奶大罐而言，其原奶入口处设置斜槽将有助于减少原奶飞溅和酸败。

三、为何需要装置原奶冷却储存温度记录仪？

实践中偶尔会出现制冷方面的问题，所以每班挤奶结束后均需要检查储奶大罐内的原奶温度，其重要性不言而喻。同时，定期检查温度计和恒温调节器的精确性也是常规维护保养工作不可或缺的内容之一。老生常谈，原奶挤出后迅速适时冷却储存对于保存原奶品质和安全至关重要，大多数原奶品质保障计划都要求检查和记录每班次挤奶时储奶大罐内的原奶温度。尽管储奶大罐原奶温度可由人工检查和记录，但通常都要求必须使用温度记录仪，参阅图13-4；因为温度记录仪能及早检测并反映出关于制冷方面的任何问题。

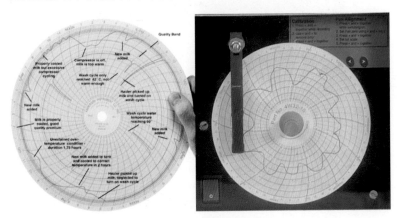

图 13-4 储奶大罐牛奶冷却储存温度记录仪有助及时发现异常

随着技术迅速发展，市售供储奶大罐应用的原奶冷却储存温度记录仪品种繁多，琳琅满目；若干笔式温度记录仪在纸质圆形记录图表上画出牛奶冷却储存期间的温度变化走势；纸质图表在每次拉奶时更换，或每周更换。通过检查每次挤奶时该图表记录的原奶冷却储存期间温度变化走势，人们就能直观地获得制冷过程的任何细节信息。除此之外，这类记录仪还能监测储奶大罐中清洗溶液的温度。当然，奶车司机同样也能得到这些信息。目前，更先进的记录仪能在制冷状况异常时及时提醒相关人员。为减少运行成本，现时一般推荐应用电子智能化储奶大罐原奶冷却储存温度记录仪，关联信息可以直接下载到个人电脑，供现场即时分析各种状况与问题；这类记录仪还能监测挤奶管道中清洗溶液的温度变化，参阅图 13-5。

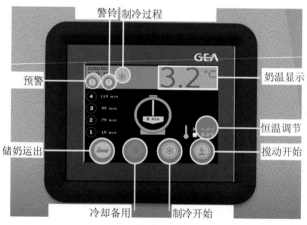

图 13-5　电子智能化奶罐牛奶冷却储存温度记录 / 控制仪

四、如何发现储奶大罐原奶冷却储存不当？

储奶大罐储存原奶装车运走后立即检查奶罐内壁状况很有用。如发现奶罐壁上黏附黄油雪花片，则说明原奶冷却不当，缘于原奶进入储奶大罐时没有快速冷却，处在 10 ～ 20℃温度环境时间过长，而该温度范围恰是搅拌黄油的最佳温度，自然容易生成这些白色黄油沉积。

用手一触摸就消失的白色斑块是凝固的蛋白质，缘于蒸发板上原奶积霜所致。原奶积霜会降低蒸发板制冷能力，也会破坏原奶脂肪球膜，导致原奶产生腐坏气味。此外，原奶积霜还会影响冰点测试结果（cryoscopy），冰点测试常用来检测原奶中的掺水量。原奶积霜也可能由于制冷剂压力过低造成。当然，如果恒温控制器或搅拌器发生故障，或进入储奶大罐的原奶液面尚未碰触到搅拌器之前压缩机就提前启动，这些均能引致原奶积霜。

五、为何建议安装制冷机热回收（Refrigeration Heat Recovery Unit，RHR）装置？

制冷机热回收装置（也称制冷机热回收总成）可回收来自制冷设备系统本来要废弃并排放到空气中的热能，用于预热冷水，参阅图 13-6。该装置包括热交换器和储存罐，热交换器通常被包裹在储存罐外层。当热的制冷剂气体离开压缩机并通过 RHR 热量交换器时，

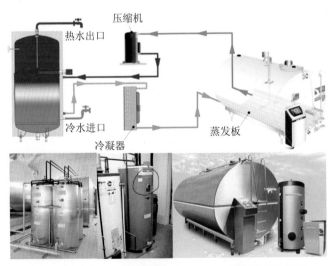

图 13-6　制冷机热回收装置工作原理及不同类型该装置产品

其就会冷却下来将热量传给水。制冷剂气体在进入热量交换器时，温度为 65 ～ 95℃（150 ～ 200 ℉）；而离开交换器时，温度则降为 50℃（80 ℉）或更低。此外，通常会再额外配置气冷冷凝器来带走制冷剂中未被交换的余热。需要注意的是：储存罐容积大小应该与一个班次挤奶所需热水量相符合。热回收系统投资回报与因使用该系统减少加热用水费用幅度有关，更多地取决于所在地能源价格。一般而言，该系统可降低加热用水成本 25% ～ 50%。

六、如何预冷？

板换（也称冷排）预冷降温快，可有效保证原奶质量，参阅图 13-7。当原奶被泵出牛奶接收罐通过板换时，此时冷水会以相反方向在板换中另一边流过；而当原奶进入储奶大罐时，其业已获得预冷处理。这种方法可降低高达 50% 的制冷所耗能量成本，对制冷机亦同样如此。故而，原奶预冷技术通常比制冷系统热回收技术更先进。

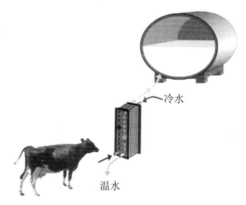

冷水

温水

图 13-7　板换预冷系统冷却牛奶速度快，并节省能量

板换预冷装置大小要与奶泵容量相匹配。如预冷装置过小，奶温降低则会过慢；相反，如预冷装置过大，则清洗溶液流动过慢不

利于清洗。奶温降低程度取决于水温，水温越低，预冷效果越好。同样，奶温降低程度也取决于水流速度。水流速度：奶流速度的比率往往变动于 1 ～ 4 之间。可以考虑提高水流速度：奶流速度的比率来快速冷却原奶；因为比率越高，奶温降得越低，同时还能节能。当水流速度是奶流速度的 3 ～ 4 倍时，原奶通过板换后温度可冷却到 2℃以下。目前已经开发出多款变速奶泵来提高板换冷却效率。这些奶泵可将原奶持续平缓泵出，且无任何剧烈波动，而且水流速度：奶流速度的比率会相应增加。板换进水端有时可能会混入杂物，造成水流速度降低，所以宜加装滤水器避免该问题出现。大多数板换系统使用的都是井水，流经板换后的井水可以回收，然后可用于清洗奶牛或清洗挤奶厅（在中国，大多回收进入管道系统，作为清洁水使用）。挤奶系统清洗时，预冷水流需能自动关闭停止。

还可以循环使用冰水来预冷原奶，这也能够大幅度提高制冷效率。某些奶牛场采用两段预冷流程：第一个阶段为井水预冷，将奶温降到 15℃；第二个阶段应用冰水进一步冷却。

板换预冷装置的主要短板是有时难以彻底清洗干净，比如像草屑一样的残留物可能会滞留在板换缝隙之间；清洗不彻底将会使原奶细菌数超标。所以，解决方案是在板换预冷装置之前再额外安装一套原奶过滤器，藉以将这些碎屑拒之门外。如板换冷却装置发生泄露，则可能导致原奶中的水含量增加。

将预冷装置和制冷机热回收系统（RHR）结合使用能高效利用能源；但由于原奶中的热量已经传送给井水，所以使用预冷装置会降低 RHR 效率。这种双装置结合使用只有在能量成本极高状况下方有可能收回投资成本。

七、如何瞬时冷却原奶？

大型奶牛场每天24小时都在连续不停地挤奶，通常分为三班次；班次之间大概会有45分钟至1小时间隔为原位清洗和整洁挤奶厅时间。因此，瞬时冷却原奶至 $2 \sim 3℃$（$35 \sim 38℉$）并及时储存在绝缘保温储奶大罐（仓）或运奶车中是非常实用和必要的。原奶瞬时冷却采用的是板换预冷原理；不过，并不使用井水；而是循环使用温度 $<0℃$（$32℉$）的水与乙二醇混合溶液；水与乙二醇混合溶液由特殊制冷装置制冷。

八、本章问题

奶牛场实践中常发现储奶大罐制冷时长高于正常制冷时长，造成该现象的可能原因有哪些？

第十四章 如何正确实施全美乳房炎协会推荐的挤奶系统功能检测流程？

一、为何要实施全美乳房炎协会推荐的挤奶系统功能检测流程？

自 2014 年以来，国内奶牛养殖界越来越清楚地认识到泌乳牛憩息环境、挤奶操作流程和挤奶系统功能是否正常与乳房炎发病率的高低有着密切联系。接受这种先进理念的标志有如下事实佐证：

（1）一些知名兽药公司、饲料公司和知名挤奶机厂商，以及若干大型规模化奶牛养殖集团，均主动踊跃添置挤奶系统检测仪器，并积极开展或提供挤奶系统功能是否正常的定期检测服务和维护。

（2）更有若干超大型奶牛养殖集团制定挤奶系统功能检测具体细则，要求其属下各奶牛场挤奶厅严格执行，如以下 14 项检测：

1）真空表测试；

2）真空调节器灵敏度测试；

3）套杯和掉杯测试；

4）有效真空储备量测试；

5）牛奶接收罐分别至真空调节器和真空泵之间的真空度下降测试；

6）挤奶系统和真空管道泄漏量测试；

7）真空调节器损耗和泄漏量测试；

8）长奶管测试；

9）挤奶杯组泄漏量测试；

10）挤奶系统脉动功能测试；

11）真空泵工作性能测试；

12）挤奶系统各管道连接点测试；

13）挤奶单元低真空度测试；

14）空气过滤系统测试。

（3）亦有若干大型奶牛养殖集团要求其属下各奶牛场挤奶厅骨干员工必须能够认真回答出有关挤奶系统功能是否正常的100道问答题。

凡此种种，无疑对各挤奶系统供应厂商现场技术服务工程师、临床当值兽医，以及挤奶厅骨干技术员工，均提出了严峻挑战；其中挑战之一就是：究竟哪一套挤奶系统功能检测流程算靠谱？从全球范围来看，10多年来，尽管各挤奶系统供应厂商的挤奶系统功能检测流程不尽相同，但基本参考了美国全国乳房炎协会（National Mastitis Council，NMC）2004年修正版的《挤奶系统检测流程》；北美奶牛临床兽医检测挤奶系统功能是否正常也总是以其为指南。因此，NMC2004年修正版的《挤奶系统检测流程》亦被称为该领域的"圣经"。

需要特别说明的是：NMC成立于1961年，目前拥有超过1500名会员遍布于全球逾40个国家，总部位于美国威士康辛州。其核心使命是：利用一切资源和手段，教育普及和研究开发确保原奶卫生质量安全生产行之有效的各种实践指南和标准操作流程。当然，NMC并非一个制定标准的组织。2004年修正版的《挤奶系统检测流程》中的各种方法，全部基于美国农业工程师学会（American Society of Agricultural Engineers，ASAE）和国际标准组织

（International Standards Organization，ISO）颁定的标准。相关标准的文号分别是：

- ASAE S518：《挤奶设备安装和性能》；
- ASAE EP445：《测量技术》；
- ISO 5707《挤奶设备安装和性能》；
- ISO 6690《测量技术》。

二、为什么要做挤奶系统功能检测？

（1）改进乳房炎防控和保证原奶卫生质量；

（2）提高挤奶系统生产性能（提高挤奶速度和完全挤净奶）；

（3）提高清洗性能；

（4）降低能源消耗；

（5）降低真空泵磨损；

（6）改进挤奶系统外观。

以上6项检测，最为重要的还是前3项。

三、检测挤奶系统功能经常使用哪些测量单位？

常使用真空度和空气流量单位，分别以公制单位或英制单位表示；两者之间的转化为：

- 真空度1英寸汞柱（″Hg）=真空度3.39千帕（kPa）；
- 真空度1千帕（kPa）=真空度0.295英寸汞柱（″Hg）；
- 空气流量1立方英尺/分钟（CFM）=空气流量28.3升/分钟（LPM）；
- 空气流量1000升/分钟（LPM）=空气流量35.3立方英尺/分钟（CFM）。

空气流量的测定是在标准大气压下每分钟通过多少容积的气流，测定方法参考美国机械工程学会标准（American Society of Mechanical Engineering Standard，ASME）。

四、首字母缩写词、单位和缩略语的中文是什么意思？

- AFM：空气流量计。
- ASAE：美国农业工程师学会。
- ASME：美国机械工程学会，空气流量测定方法标准即由该协会制定。在该方法中，空气流量的大小用标准大气压下的等效容积表示（注意：挤奶系统内的空气流量容积将大于标准大气压下的空气流量容积，这是由于部分真空的影响而使空气发生膨胀）。
- CFM：立方英尺 / 分钟，通常与空气流速有关，常用标准大气压下的空气容积表示。
- ER：有效真空储备量。
- ″Hg：英寸汞柱，真空度单位。
- Hz：赫兹即循环数 / 秒，常与频率表示有关。
- ISO：国际标准组织。
- kPa：千帕，真空度单位。
- LPM：升 / 分钟，空气流量单位，常以在标准大气压下的空气容积表示。
- PIV：真空泵入口真空度，即在真空泵入口处测得的真空压力。在挤奶系统运行期间，测定真空泵功能；或在供应厂商说明书规定的标准条件下，评估真空泵的磨损或故障。
- MR：手动测定真空储备量。
- ROV：牛奶接收罐运行真空度，即在挤奶条件下（挤奶杯组全部套杯，或挤奶杯组全部用塞子堵塞并正常开机模拟挤奶），牛奶接收罐内的平均真空度。

· VD：真空度下降。

· VFD：变频驱动，真空调节器根据挤奶系统需求，调整电源供应频率，从而控制真空泵速度和空气从挤奶系统内排出的流量。空气排出流量应当与进气流量相匹配，从而维持挤奶系统运行处于预先设定的真空度水平范围内。

五、NMC2004 年修正版的《挤奶系统检测流程》具备哪些特点？

· 虽然 NMC2004 年修正版的《挤奶系统检测流程》所推荐的检测流程顺序并不是绝对的，但是，遵循该检测流程顺序可以将重复性工作降至最低，同时极大提高检测效率。

· 尽管 NMC2004 年修正版的《挤奶系统检测流程》描述了测定挤奶系统真空度和空气流量的各种方法。但是，这些检测方法只是评估了挤奶系统在挤奶期间是否能在预设范围内维持集乳器内真空水平稳定，或脉动系统运行参数是否符合供应厂商要求的基本方法。这些检测方法并没有对与挤奶过程相关的全部因素进行逐一分析，例如，这些检测方法没有考虑挤奶员工熟练程度和挤奶员工操作流程是否到位对检测结果的影响。

· NMC2004 年修正版的《挤奶系统检测流程》分以下 3 步进行：

（1）在挤奶过程中检测挤奶系统各部位真空度是否充足并稳定，以及真空调节是否灵敏？

（2）在挤奶过程中检测脉动器功能是否正常？

（3）如何破解挤奶过程真空调节失败和脉动功能异常的确实原因？

需要特别指出的是：任何新的挤奶系统安装完毕后都应进行一次全面检测，并将全面检测的各项结果记录在案，作为日后定期检测的基准。例如，日后可定期检测运行真空和有效真空储备量是否与基准有所不同，藉以判断挤奶系统状态是否发生改变。再有，既往安装运行多年早已过时的落伍挤奶系统，检测中如发现问题太多和太大，亦应以检测结果为依据，做适当改装或更新升级换代。以下我们讨论 NMC2004 年修正版《挤奶系统检测流程》的 3 个检测步骤。

第一步骤：挤奶过程中挤奶系统各部位真空度是否充足并稳定，以及真空调节是否灵敏？

挤奶过程中，准确记录挤奶系统不同部位的真空度水平，是确保该挤奶系统真空度是否充足和真空调节是否灵敏的最佳方法。挤奶期间进行测试的最佳位点是牛奶接收罐（也称奶爪）、奶管、牛奶接收罐内或邻近位点（如果需要）；需在挤奶系统正常挤奶和正常空气流量条件下，记录前述各位点的真空度及其波动。正常挤奶和正常空气流量条件是指：挤奶杯组全部套杯、挤奶和脱杯。所使用的真空记录系统仪器应有能力检测不低于 90% 的真空波动。

1. 如何测定集乳器平均真空度及其波动？

1）测定集乳器平均真空度及其波动时，应选择头胎牛泌乳早期高产组，这可保证获得奶流速率最高的样本牛。

2）理想状态下，集乳器平均真空度应接近挤奶管道真空度，所以应尽量降低牛奶提升高度，缩短长奶管长度，或减少奶流通径中附属配置，同时真空调节器应随着挤奶系统的设置变化而进行相应调整，从而获得奶流速率高峰时的理想挤奶真空水平。

3）将真空记录仪连接在集乳器的合适位点有 2 种方法：

A. 将一个三通连接在长奶管与集乳器出口之间；

B. 使用 12 号或 14 号注射针头，针头长度不少于 2.5 英寸（6.35 厘米），刺入短奶管下端穿过集乳器入口进入集乳器碗皿顶部，针头末端应不接触奶流。

4）在奶流速率高峰时每隔 5 ～ 20 秒，进行检测。

5）在奶流速率高峰时，集乳器平均真空度应在 35 ～ 42 千帕之间，这个值是综合考虑到奶牛挤奶时的舒适度、奶流速率和是否能完全挤尽奶而折衷设定的。不同的挤奶杯组和附属配置会影响真空调节器和集乳器平均真空度之间的压差。

6）真空波动是指在一个脉动循环中，最高真空度值减去最低真空度值的差值。集乳器中的真空波动并不能准确反映乳头末端的真空波动。测定乳头末端真空波动需要特殊的仪器和复杂的测量技术。应选择头胎牛泌乳早期高产组测定集乳器中的真空波动，尽管集乳器中总会一直存在某种程度的真空波动，但真空波动范围以不超过 10 千帕为宜。过高或过低的真空波动可能表明存在通气孔堵塞、过度进气或奶流通径受限等问题。

2. 如何测定挤奶管道真空稳定性？（挤奶管道通常指粗管道或硬管道，奶管指小管道或软管道，如长管道和短管道）

1）在挤奶管道的适当位点进行检测，一般在长奶管进入挤奶管道处。如果是挤奶厅，应至少记录泌乳牛进出挤奶位 3 次的挤奶管道真空值；如果是拴系式牛舍，则需要记录 15 分钟的挤奶管道真空值；应确保记录的真空值是该挤奶系统满负荷运转时所获取的。如果挤奶管道中的真空度下降（平均值减去最低值）或上升（最高值减去平均值）范围不超过 2 千帕，则表示挤奶管道真空稳定性符合国际标准。

2）在挤奶系统满负荷运转条件下，挤奶管道中任一位点的最高真空值与牛奶接收罐真空值之差如不超过 2 千帕时，层流就会出现；层流是指：奶流在挤奶管道的下部向牛奶接收罐方向平稳流动，而空气流位于奶流上方无阻碍、持续和通畅地与奶流同方向流动。挤奶管道中偶尔出现短暂塞流（奶柱）在生产实践是难以避免的，但不可超过整个挤奶期间的 5%。因此，挤奶管道必须经过专门设计，从而保证在挤奶过程中奶流和空气流在挤奶管道中分层同向通畅流向牛奶接收罐。

3. 如何测定牛奶接收罐真空稳定性？

1）如果挤奶系统挤奶管道真空稳定性检测合格，那么就没有必要检测牛奶接收罐真空稳定性。但是，如果挤奶管道中真空值变化超过 ±2 千帕，此时就需要对牛奶接收罐真空度进行检测，藉以判定这种真空波动是否由于挤奶管道中塞流形成、真空度不足或真空度调节器失灵等因素所引致。

2）测定时需将真空记录仪探针连接在牛奶接收罐上 1/3 处（位于平稳的空气层中，勿接触奶流）；在挤奶厅应连续记录泌乳牛进出挤奶位至少 3 次的真空值，在拴系牛舍则至少记录 15 分钟以上的真空值变动。如果使用双通道记录仪，同时记录挤奶管道和牛奶接收罐的真空值当然最佳。

3）牛奶接收罐真空稳定性的标准是：在正常挤奶过程中，包括套杯和脱杯、奶衬滑落和挤奶杯组脱落，牛奶接收罐内运行真空值变化不得超过 ±2 千帕。

4. 如何在挤奶期间测定脉动？

挤奶过程，也是比较脉动器功能在挤奶系统全负荷真空和空载真空存在多少差异的良好时机。挤奶过程中，A 相、B 相、C 相和

D 相的时长可能与空载情况下稍有不同，但脉动频率和比率应基本一致。

第二步骤：如何进行脉动器空载测试？

脉动器空载测试主要检测各挤奶杯组脉动器运行参数是否符合要求；检查时需要用假乳头将四个挤奶杯入口全部堵塞住（模拟套在四个乳头上挤奶）；同时在短脉动管上插入一个三通，并在三通上连接一个相应的真空记录仪。每个挤奶杯组至少记录 5 个脉动循环。在异步型脉动系统，需要同时检查挤奶杯组的双侧脉动参数。按 ASAE S518 的规定，脉动参数应符合以下要求：

• 脉动频率应稳定一致，各挤奶杯组相互之间的脉动频率每分钟相差不超过 ±3 个循环。

• 各挤奶杯组相互之间的脉动比率相差不超过 5%。

• B 相所占时长不低于 30%。

• D 相所占时长不低于 15%，且不少于 150 毫秒。

1. 哪些因素造成脉动异常？

1）脉动器本身有问题；

2）脉动器内某些部件漏气或阻塞。

2. 电子脉动器发生故障如何办？

电子脉动器发生故障时，需要检测该脉动器的电压。检测时应注意该脉动器的电压供应是直流电还是交流电，并采用相应的交流电 / 直流电双用互换检测仪进行检测。检测位点是：

1）脉动控制箱内的电压；

2）挤奶系统最远端脉动器电压；

3）挤奶系统中端脉动器电压；

4）任何异常脉动器电压。

需将检测结果与出厂参数比较；电导线太细或接触不好，都有可能造成低电压。

第三步骤：如何进行真空和空气流量的空载测试诊断？

1. 如何检测挤奶系统主真空度及其各位点真空度？

1）在正式测定前，真空泵应至少运行10分钟以上。运行真空是指在空载测试（挤奶设备中无牛奶或水的存在）过程中，挤奶设备上不同位置测得的真空平均值。此时，所有的挤奶杯组连接在设备上，所有的脉动器正常运行，全部挤奶杯组用假乳头堵塞住。另外，空载运行检测时，真空调节器应保持连接状态，并正常运行，即尽可能地模拟真实的挤奶过程。

2）空载运行真空各检测位置如下（每一位置应平均检测5～20秒）：

• 牛奶接收罐：测量位点需在空气静流层，这可将测量误差降至最低，参阅本章附录B。

• 计量瓶系统：测量位点应选在距真空泵倒数第一计量瓶长奶管进入计量瓶入口处。

• 真空调节器：测量位点需在感应端。

• 脉动真空管道：测量位点应在距真空泵最远端的脉动真空管道事先预留的测试孔；如果无测试孔，可临时钻孔制作。

• 空载运行真空泵入口位点。

3）同时，需记录固定安装在挤奶系统上的真空表读数，藉以评估该真空表是否准确。应该说明的是：真空泵入口处与牛奶接收罐之间的运行真空度值不可超过2千帕。如果超过2千帕，那牛奶接收罐内的空气流量就会降低，这可能缘于各种原因导致的真空度下降，如：挤奶管道直径小、管道受阻、三通或弯头过多，或与挤奶管道大小尺寸不相符的不合理的过高空气流量。另外，脉动器管道远端与牛奶接收罐之间的运行真空度亦不可超过 2 千帕。再有，牛奶接收罐与真空调节器感应端之间的运行真空度理想值则为不可超过 0.7 千帕。真空调节器安装位置错误、挤奶管道受阻严重或真空调节器与牛奶接收罐之间三通、弯头和附件连接过多，都会引起二者之间运行真空度加大，从而降低真空调节器灵敏性。

2. 如何进行挤奶杯组掉杯检测?

打开一个挤奶杯组，将其翻转模仿挤奶过程中挤奶杯组掉落，记录挤奶杯组打开进气后牛奶接收罐和真空调节器感应处瞬间平均真空度值。此时牛奶接收罐中正常平均运行真空度值与挤奶杯组打开时瞬间平均真空度值的差值称为真空掉落值（vacuum drop）。关闭挤奶杯组，记录 5 ~ 20 秒真空度值，并记录此时测得的最高真空度值。关闭挤奶杯组后的最高真空度值与调整后稳定平均真空度值的差值称为真空高冲值（overshoot）。再次打开挤奶杯组，记录 5 ~ 20 秒的真空度值，并记录此时测得的最低真空度值。挤奶杯组打开后的最低真空度值与调整后稳定平均真空度值的差值称为真空低冲值（undershoot）。这一系列测量值的详细含义请参阅本章附录 B。对于装置两套牛奶接收罐的挤奶系统，应分别对两个牛奶接收罐独立进行掉杯检测。对于 32 挤奶位以上或者有多名挤奶员工操作的挤奶系统，检测时应同时打开两个挤奶杯组;具体检测方法同上。

需要说明的是:任何装置两个以上挤奶杯组的挤奶系统都应有足够的有效真空储备量，藉以满足一个挤奶杯组掉落时的紧急需要。在牛奶接收罐处测得的真空掉落值、真空高冲值和真空低冲值均不得超过 2 千帕。同理，无论是挤奶位超过 32 的挤奶系统，还是有两名以上挤奶员工操作，有可能两个挤奶杯组同时掉落，即使如此，理想状态下，亦应符合上述相同标准。

3. 如何进行有效真空储备量检测？

当上杯、脱杯、奶杯滑动、挤奶过程中掉杯或被踢落时，均会有额外空气进入奶杯。有效真空储备量检测就是用来确定挤奶系统的真空储备能力是否能够处理上述这些情况下进入奶杯的额外空气。测定时，应使真空调节器正常运行，同时堵塞所有的挤奶杯组，开启真空关闭装置，启动脉动器，从而使整个挤奶系统处于接近实际挤奶状态。将空气流量计连接在牛奶接收罐上或近旁；也可连接在计量瓶系统的真空供应管上，参阅本章附录 B。逐步开启空气流量计，直至牛奶接收罐真空度值低于运行真空度值 2 千帕（最大允许真空度下降值的规定详见 ASAE 和 ISO），此时空气流量计的读数即为有效真空储备量。与此同时，记录真空调节器感应处的真空度值。对于装置两套牛奶接收罐的挤奶系统，应使用两个空气流量计（每个牛奶接收罐一个）进行测量，每个空气流量计测得的结果应相当总有效真空储备量的 50%。

如果装置变频真空泵，那么测定有效真空储备量的步骤同前。不过，某些变频真空调节器会允许真空泵泵速超过满额速率（频率超过 60 赫兹）。所以，进行测定期间，要求控制系统限制真空泵泵速不可超过额定速度。测定有效真空储备量时，要验证控制系统的频率。

需要说明的是：如果挤奶系统掉杯检测合格，那么，这第一步检测就表明挤奶系统的真空稳定性符合标准，即正常挤奶期间，牛奶接收罐真空度值下降不超过 2 千帕。此时，通常情况下不需要再做有效真空储备量检测。但是，如不合格，则需做第二步检测，即有效真空储备量检测。绝大多数挤奶系统都应符合的有效真空储备量标准是：30LPM/ 杯组 +1000LPM= 总有效真空储备量。1000LPM基础有效真空储备量可满足挤奶时一个挤奶杯组掉落，进气量高达

1000LPM 左右时的紧急需要。如果挤奶杯组掉落时进气量增加较多，那么基础有效真空储备量也需相应增加。如果挤奶杯组配置自动关闭阀，那么基础有效真空储备量可相应降低。如果挤奶系统附置其他部件，例如反冲洗装置或驱赶门等而进入空气较多，那么有效真空储备量亦不得不相应增加。

4. 如何进行实际真空储备量检测？

对配置常规真空调节器挤奶系统进行实际真空储备量检测的位点和条件与前述的测定有效真空储备量（堵塞挤奶杯组、开启真空关闭装置和启动脉动器）相同（参阅本章附件 E），唯一的区别是关闭真空调节器。如果配置变频真空调节器，那么实际真空储备量的检测结果应与配置常规真空调节器的结果相同（因为变频真空调节器亦被关闭），故无须另行测定。

安全提示：空气流量计应在真空调节器关闭前完全打开；测定空气流量时对真空度值的要求应与测定有效真空储备量的真空度值相一致，即在低于牛奶接收罐运行真空度值 2 千帕时进行检测。

5. 如何计算真空调节器的调节效率？

该计算方法是：有效真空储备量 ÷ 实际真空储备量 = 真空调节器调节效率。ASAE 和 ISO 标准中规定真空调节器调节效率不得低于 90%。配置变频真空调节器的挤奶系统难以测定实际真空储备量，所以无法计算真空调节器调节效率。故此，可以通过参考牛奶接收罐真空度值下降和真空调节器感应位点真空度值下降之差，来检测变频真空调节器感应位点是否妥当。

需要说明的是：如果真空调节器调节效率低于 90%，或变频真空调节器功能欠佳，则应进行以下检测来查明原因。真空调节器的感应位点应尽可能接近奶水分离罐；若感应位点处于较远端，则应将其置于尺寸足够大的管道。如在计量瓶系统，真空调节器不宜安装在奶水分离罐处，而需安装在计量瓶顶端提供挤奶真空的真空管道处。当挤奶系统各部件安装到位，并且真空调节器感应位点正确时，如果牛奶接收罐真空度值下降 2 千帕，那么真空调节器的感应位点的真空度值会至少下降 1.3 千帕。无论是配置常规真空调节器或变频真空调节器的挤奶系统均适用此标准。如果挤奶系统未通过该项合格检测，那么可能的原因有：

- 真空调节器功能与真空泵功能不匹配。
- 连接牛奶接收罐和真空调节器的管道不符合真空泵功能要求。
- 真空调节器与奶水分离罐的距离过远。

如果真空调节器近端处真空度值变化超过 1.3 千帕，那么这种低调节效率可能由以下原因引起：

- 真空调节器反应迟钝，这可能由于真空调节器脏污和布满灰尘，或真空调节器发生故障，或真空调节器过于陈旧等引起。
- 真空调节器与真空泵功能大小不匹配。
- 变频真空调节器未正确设置，或真空感应位点脏污。
- 对 Sentinel 品牌的真空调节器而言，可能缺乏足够的"空气润滑剂"，参阅本章附录 E。

6. 如何进行挤奶系统各组件进气量测试？

以下一系列测试是专为测定各类挤奶系统诸多组件进气量而设计的。测定这些组件进气量时，应关闭真空调节器，并将变频真空泵挤奶系统的控制器设定为恒定功率（60Hz）。如果变频真空泵挤奶系统配置了备用常规真空调节器，则在进行测试时，亦需将该真空调节器关闭。还有，在测定过程中，同时也要关闭安全泄压阀，或保证检测过程中不会有空气泄漏。继之，应该采取额外预防措施，避免因安全泄压阀关闭后，系统真空过高。检测完成后，一定要再次打开安全泄压阀。开始这一系列测试时，要塞住全部挤奶杯组的奶杯、正常运行脉动器，并使挤奶杯组处于真空状态。此时，调节空气流量计，使空气进入牛奶接收罐，直至牛奶接收罐内真空度达到运行真空度水平（测试1a），记录该条件下牛奶接收罐（或计量瓶真空供应管道）的空气流量（3a）。

1）如何检测挤奶杯组进气量（3b）？

拔去一个挤奶杯组全部奶杯的塞子，打开该挤奶杯组，使其进气量达到最大。再次调节空气流量计，使牛奶接收罐中的真空度达到运行真空度水平。此时空气流量计测得的3a与3b的差值，即为一个挤奶杯组的最大进气量，这实际是在模拟挤奶期间挤奶杯组套杯、脱杯、下落和内衬滑动过程中产生的进气量。

2）如何检测单个奶杯进气量（3c检测为可选项）？

完成1b检测后，将挤奶杯组的3个挤奶杯塞住，打开未塞住的奶杯，此时即为该奶杯的最大空气流量。再次调节空气流量计，使牛奶接收罐真空度恢复到运行真空度水平。空气流量计测得的3a与3c之间的差值，即为单个奶杯的最大进气量，这实际是在模拟挤奶期间挤奶杯组单个奶杯套杯、脱杯、下落和内衬滑动过程中产生的进气量。随后，关闭挤奶杯组，继续检测挤奶系统其他组件。

3）如何检测脉动器空气用量（3d）？

断开脉动器连接，或关闭脉动器，调节空气流量计，使牛奶接收罐真空度恢复到运行真空度水平状态，记录此时空气进气量。脉动系统的进气量即为空气流量计测得的3d与3a之间的差值。将差值与供应厂商说明书中该类型脉动器规定进行比较。每个脉动器典型值范围为：20～40升/分钟。

4）如何测定集乳器空气用量（3e）？

将集乳器与奶管或计量瓶的连接断开，调节空气流量计，使牛奶接收罐真空度恢复到运行真空度水平，记录此时的空气流量（3e）。该时空气流量计测得的 3d 与 3e 之间的差值，即为集乳器气孔的进气量和泄漏量。将差值与供应厂商说明书中该类型集乳器的规定进行比较。每个集乳器典型值范围为：10 ～ 15 升 / 分钟。

5）如何测定真空调节器空气用量（3f）？

令真空调节器正常运转，阻断连接，调节空气流量计，使牛奶接收罐真空度恢复到运行真空度水平，记录此时的空气流量读数（3f）。该时空气流量计测得的 3f 和 3e 之间的差值即为运行真空调节器所需的进气量。

6）如何测定其他辅助设置空气用量（3g）？

关闭辅助设置，例如奶量自动计量计。调节空气流量计，使牛奶接收罐真空恢复到运行真空水平，记录此时空气流量读数（3g）。该时空气流量计测得的 3g 与 3f 之间的进气量差值，即为运行辅助设置所需的进气量。比较测定值与供应厂商说明书中的相关规定。

7）如何测定真空泵入口真空度（3h）？

测定真空泵入口真空度时，应使空气流量计内空气流量和测定位置与测定 3g 时相同。将真空表移至真空泵入口处，测定此时真空泵的真空度水平（3h）。该测量值将用于后续的系统泄漏检测。

8）如何测定真空泵容量？

测定真空泵容量时，应断开真空泵与系统相连。在开启真空泵之前，将空气流量计满额打开。

A. 如何测定真空泵额定功率（4a）？

将打开的空气流量计安装在离真空泵入口最近位置，在供应厂商说明书推荐真空度水平（通常为 50 千帕）下，测定空气流量。将该空气流量（4a）与供应厂商说明书中的评级表进行比较，藉以评估真空泵磨损程度。对于安装多个真空泵的挤奶系统，应逐一测定每个泵。

B. 如何测定运行真空度下的容量（4b）？

调节空气流量计，在真空泵入口处运行真空度（1a）下，测量真空泵内的空气流量。该值即是挤奶系统工作时的真空泵容量。

9）如何测定系统空气泄漏量？

空气流量计记录的 3g（所有组件不连接）读数与测定 3h 时记录的真空泵入口读数之差，即为该系统的空气泄漏量。此外，系统空气泄漏量，也可以由真空泵入口处测得的运行真空总容量（4b，真空管道阀门应关闭）减去在同样真空度水平下，挤奶系统所有组件关闭，但真空管道系统开启（即阀门打开）时，同样位置的空气流量读数来计算其差值。在挤奶系统正常运行条件下，系统空气泄漏量不得超过真空泵容量的 10%。

10）如何对牛奶接收罐真空度和有效储量进行复查？

再次连接并打开挤奶系统所有组件。为确保不损坏挤奶系统，一定要将所有组件开启，并正确连接和运行，然后再对牛奶接收罐真空度和有效储量进行复查。

六、附录

1. 附录A：对真空度记录系统有什么要求？

ASAE 标准中对设备要求和检测准确度规定为：挤奶系统不同位置测得的真空度值应在真空度真值 90% 的范围内。NMC 推荐测量流程顺序如下：

1）牛奶接收罐和其他设定的"干燥"位置（例如真空泵入口和

脉动管），这些位置中不会存在与测量用具相接触的奶或其他液体。

2）挤奶管道中可能出现奶柱。

3）集乳器。

绝大多数现代真空度记录仪都是数码型；在该记录仪预设采样频率条件下记录真空度测量值。尽管各类真空度记录仪运用不同的计算方法对数据进行分析和报告，但均会报告平均真空度值、最大真空度值和最小真空度值。真空度记录系统由电子真空度记录仪及与挤奶系统相连所需的各种细管和接头组成。真空度记录系统记录挤奶系统真空度波动的准确性会受以下因素影响：

A. 采样频率会产生哪些影响？

数码型真空度记录仪的采样频率能够决定是否可以检测到真空度变化的上限频率。如果真空度记录仪采样频率比真空度波动速度慢，则会漏过真空度波动的一些峰值和谷值。数码型记录仪的采样频率在供应厂商说明书中有详细说明。

B. 响应速度会产生哪些影响？

数码型记录仪的响应速度决定了真空度记录仪能否适应真空度变化的能力。如果真空度记录仪的响应速度低于真空变化的最大值，真空度的峰值和谷值将不会被检测到，真空度波动就会被低估。此外，进入检测设备内的水或牛奶，由于惯性，可能导致测量的真空度变化值与真空度变化真值之间有偏差。检测设备内部容积应尽量减小，从而可能最大地提高响应速度。同时，要采取相应措施，防止水或牛奶被吸入检测接口。连接处的内径和与挤奶设备相接的通径应满足：连接接口和管路允许液体顺畅排出。

C. 如何检测真空度记录系统？

绝大部分商用真空度记录仪都会自动计算脉动"A 相"的持续

时间。这一特点为检测真空度记录仪响应速度提供了简便评估方法。在脉动 A 相，脉动腔真空度会迅速增加而开启奶衬。按国际标准 ISO 6690（1996）中的规定，在 A 相持续时间内，脉动腔内的真空度应从高于标准大气压 4 千帕增加到低于脉动腔最高真空度 4 千帕。真空度记录仪的响应速度可通过直接与电子脉动器连接而测得。在这种连接方式下，脉动器产生的真空度变化表现为一个由 4 毫微秒的上升时间形成的矩形波，其真空度下限为 0（相当大气压力），真空度上限相当于脉动管内真空度。脉动记录系统的响应速度（千帕 / 秒）即为：A 相内的真空度变化（运行真空度 –8 千帕）除以 A 相持续时间。

表 14-1 为对挤奶系统不同位置进行真空度检测时，推荐的最小采样频率和响应速度。参照这一说明，使用真空度检测仪，即可测得 90% 真值的真空度变化。

表 14-1　推荐表

检测类型	最小采样频率 /Hz	最小响应速度
检测牛奶接收罐和挤奶系统"无液"部件真空	24	90
挤奶期间检测奶管真空	48	910
挤奶期间检测集乳器真空	63	770

2. 附录B：如何准确测定真空度？

1）检测真空泵的测试孔应留置何处？

在真空泵入口附近，应留置测试孔，位点最好在上行管路或下行管路弯头或接口处离开至少 5 个管径那样远的位点留置。如果该位点不可行，可在实际操作中，将测试孔留置在离下行管路接口处尽可能近的位点（参阅图 14-2）。

2）检测真空调节器的测试孔应留置何处？

在距离真空调节器真空感应位点尽可能近的地方，留置测试孔，留置的具体位点与真空调节器类型相关：

A. 利拉伐（DeLaval）真空调节器：应在感应器下方尽可能近的位点留置检测孔。

B. 遥感真空调节器（博美特和基伊埃）：将三通管与遥感器和真空管相连进行检测（参阅图14-4）。

C. 预警型（Sentinel）真空调节器：位点最好在上行管路或下行管路弯头或接口处离开至少5个管径那样远的位点留置。如果该位点不可行，可在实际操作中，将测试孔留置在离真空调节器尽可能近的位点。

D. 变频真空泵系统：在感应系统真空度变化的真空转换器尽可能近的位点，留置测试孔。

3）如何检测牛奶接收罐内真空度？

测定牛奶接收罐真空度应在平静的空气层流（空气层流中涡流最少）中进行。可在以下位置任选一个：

A. 专制的牛奶接收罐罐盖，其预先留置了测试孔并可与精密压力表相连；不要相信空气流量计上端真空度表显示的结果。

B. 在挤奶厅中，于挤奶管道近端第一个奶流入口检测真空度（参阅图14-4）。但该位点并不适用于所有检测，只有在挤奶管道中没有空气流量或空气流量很少的情况下进行检测时，该位点的检测才算有效检测。

C. 在环形管道挤奶系统，于清洗总管路多用接头奶流入口位点留置测试孔，系统运行时该位点应处于真空状态（参阅图14-6）。

D. 在第一个计量瓶的真空供应管道位点测定真空度（参阅图14-3）。

4）如何检测脉动器空气管道内真空度？

将测试孔留置在挤奶厅两侧空气管道相汇处，离任意接口或弯头至少 5 个管径距离。理想的留置位点应位于交汇管道中央，距真空泵最远（参阅图 14-7）。

5）如何检测挤奶管道真空度？

在拴系式牛舍，将相应的真空度记录仪与位于挤奶管道末端并近牛奶接收罐处的备用奶阀连接在一起进行测量。在挤奶厅中，于靠近牛奶接收罐第一和第二挤奶位从长奶管入挤奶管道处向后拔出 2 厘米左右，用小号瘤胃套管穿刺针在拔出位点穿透长奶管进入挤奶管道，然后拔出内针，留下套管在原处。套管针长度应保证套管能够到达挤奶管道上部并朝向牛奶接收罐方向，从而尽可能让套管避开来自挤奶杯组的奶流。检测完成后，拔出套管，再将长奶管推回挤奶管道入口复位，这样可以将套管针头留在长奶管的小孔封堵上。一些供应商提供特配的长奶管三通，专门用于该项检测。当然，留置额外奶流入口也可以简化该项检测。

6）如何做挤奶杯组掉杯检测？

测定真空度掉落值（下降）、真空调节器真空度反冲值响应和过冲响应藉 4 个连贯的检测完成。该检测使用可以计算平均真空度值、最大真空度值和最小真空度值的电子真空度记录仪或数码真空度表进行。将记录仪或真空度表连接在牛奶接收罐上，测定挤奶杯组在开启前、开启中、完全开启和完全关闭藉以模拟挤奶过程中的这 4 个真空度水平，如图 14-1 所示。在检测超过 32 位的挤奶系统时，应打开或关闭 2 个挤奶杯组来模拟大型挤奶系统对空气量的要求。检测这 4 个真空度过程时，真空度记录仪设定的采样时间为每个过程 10 ～ 20 秒。

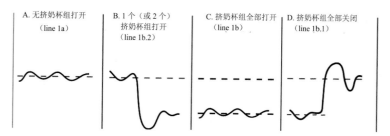

| A. 无挤奶组打开
（line 1a） | B. 1个（或2个）
挤奶杯组打开
（line 1b.2） | C. 挤奶杯组全部打开
（line 1b） | D. 挤奶杯组全部关闭
（line 1b.1） |

图 14-1 挤奶杯组脱落检测过程中的真空下降、反冲和过冲

备注：牛奶接收罐运行真空度（ROV）= A 相平均值；真空度下降（VD；掉落）= ROV — C 相平均值；真空度反冲 = VD — B 相最小值；真空度过冲 = D 相最大值 — ROV。

3. 附录C：如何准确检测空气流量？

就管道挤奶系统而言，为准确测定空气流量，应将空气流量计安置连接在牛奶接收罐上或其附近，亦可安置连接在计量瓶真空供应管路上。测量时，需依照空气流量计使用说明进行。此外，还要注意的是，连接处不能限制空气流通畅经过空气流量计，所以应使用最大号的检测接口或空气流量计适配器，最小测定口径如下：

1）< 3000 升/分钟=38毫米测定口径；

2）3000 ~ 5000升/分钟=51毫米测定口径；

3）> 5000 升/分钟=75毫米测定口径。

4. 附录D：如何对空气流量计读数进行校正？

在 50 千帕真空度水平，绝大部分空气流量计的准确性都校正为 ±5% 范围内。不过，在真空度水平低于 50 千帕时，通过每个检测孔的空气流量将会减少。例如，在 34 千帕真空度水平下，空气流量要比 50 千帕时减少 10%。生产商应提供其制造的空气流量计的校正对应图表。总而言之，当检测真空度水平处于 40 千帕至 50 千帕之间时，由于校正因子较小，故可以忽略不计。但是，当检测时真空度水平低于或高于该范围时，宜对空气流量计进行必要的校正。作为实践指南，当空气流量达到 1500 升 / 分钟时，读数误差超过 ±60 升 / 分钟，或空气流量较高并且误差超过 ±5% 时，也需要对仪表读数进行校正。

5. 附录E：如何关闭真空调节器后测定空气流量？

在做手动真空储备测量时，为保证测定数据准确，应彻底关闭真空调节器。就伺服型真空调节器而言（servo-regulator），例如利拉伐的 VRS/VRM、博美特的 Bou-Vac 和基伊埃的 Commoander 与 Vacurex 等，均可以通过断开与真空感应管的连接，或者堵住与真空管的连接处，使真空调节器完全关闭。但是，对预警型真空调节器（sentinel），则需要拆卸其顶部的小过滤器，或堵塞该过滤器下方的细小进气孔，从而将其彻底关闭。假如预警型真空调节器无法彻底关闭，那就需要将其拆卸并堵塞开口，然后来测定运行该类型真空调节器所需的进气总量。绝大部分真空调节器设计的空气用量为 30 ～ 50 升 / 分钟。然而，需要利用进入空气作为"空气润滑剂"的真空调节器，例如预警（sentinel）100 型、350 型和 500 型，所需的空气用量则为 200 ～ 700 升 / 分钟。因此，在选择真空泵大小以确保获得理想有效真空储量时，也应考虑将真空调节器的进气量计算入内。

本章最后部分提供了 6 张不同检测位点的标识图和一份挤奶系统功能检测评估表，希望同道们结合本书各章节前述相关内容来进一步做好这些位点的检测评估工作并给予合理解释；挤奶系统功能检测评估表只是给大家提供了一个参考模板，现场实际运用中可根据具体情况而适当取舍，不宜完全照搬。最后，在本章末尾提供了我国奶牛场挤奶系统实践检测中常碰到的几个典型问题，藉以测验同道们是否完全理解了如何检测和评估挤奶系统功能是否正常？

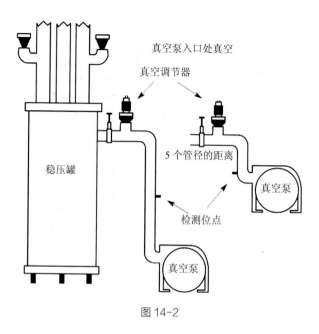

真空泵入口处真空

真空调节器

稳压罐

5 个管径的距离

真空泵

检测位点

真空泵

图 14-2

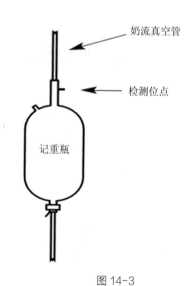

奶流真空管

检测位点

记重瓶

图 14-3

如何做好挤奶系统功能评估工作

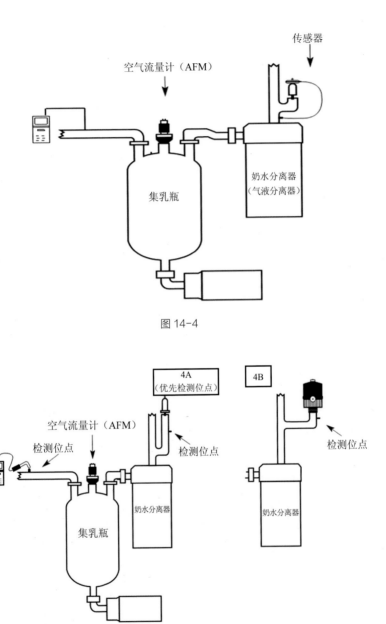

图 14-4

图 14-5

平静气流层
检测位点

空气流量计（AFM）

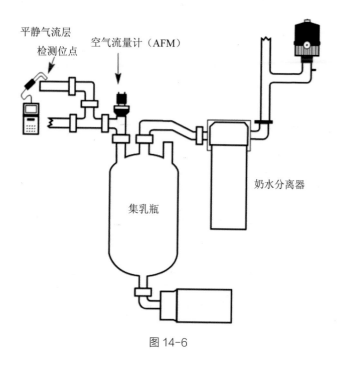

奶水分离器

集乳瓶

图 14-6

主动脉真空管

检测位点

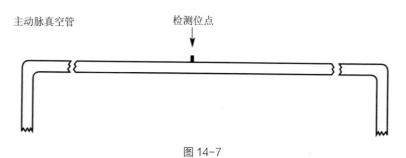

图 14-7

如何做好挤奶系统功能评估工作

表 14-2 挤奶系统功能检测评估表

用户名称		电话		日期	
地址:					
用户关心问题:					
挤奶牛头数:		牛群平均产奶量:		SCC:	
挤奶系统:					
高位管道:	低位管道:	单环路:	双环路:	奶管规格:	脉动管规格:
奶管斜率		厘米 / 连续 25 厘米:			
真空泵类型		马力		使用的挤奶位数	

挤奶时检测结果	
挤高产牛群时集乳器平均真空度（千帕），至少测定 10 头牛	理想真空度为 35～42 千帕
挤高产牛群时集乳器真空度波动（千帕），至少测定 10 头牛	一次脉动循环中（最大值 - 最小值）不超过 10 千帕
全载时，脉动器的频率和比率:	
挤奶管道真空度稳定性（千帕；英寸汞柱）检测挤奶厅内的 3 个拐弯处或检测 15 分钟（管道式环形挤奶系统）	与空载时的脉动器测试相比较
集乳瓶真空稳定性（千帕）挤奶管道稳定性有问题时，检测集乳瓶真空稳定性	（平均值最小值）和（平均值最大值）二者之间的差异不超过 2 千帕为宜

脉动器空载测试结果

脉动器编号	1	2	3	4	5	6	7	8	9	10	11	12	13	14	15	16
比率，前方或一侧																
比率，后方或另一侧																
A 相 (ms)，前方或一侧																
A 相 (ms)，后方或另一侧																
B 相 (ms)，前方或一侧																
B 相 (ms)，后方或另一侧																
C 相 (ms)，前方或一侧																
C 相 (ms)，后方或另一侧																
D 相 (ms)，前方或一侧																
D 相 (ms)，后方或另一侧																
频率（每分钟脉动次数）																

对照组电压

电子脉动器电压检测：

最后一个脉动器电压	中部脉动器电压	其他脉动器电压

真空和气流量空载测试结果

挤奶系统运行真空和真空差异

集乳瓶或计量瓶真空：	调节感应器：	脉动管：	真空泵入口（PIV）：	现场计量表读数：

1a. 塞住全部奶杯、且所有挤奶杯组处于运行状态

记录运行真空为：
（平均 5～20 秒）

挤奶杯组脱杯检测结果

集乳瓶或计量瓶量瓶	调节感应器：	计算	过冲或反冲时的真空降值	指南或推荐值

记录真空水平：

真空和空气流量空载测试结果

	校前测试	调整重置	指南或推荐值
1b.1 个挤奶杯组打开时的平均真空（平均5～20秒）	真空降值 1a－1b		≤2千帕
1b.1.1 个挤奶杯组关闭时的最大真空	过冲 1b.1－1a		≤2千帕
1b.2.1 个挤奶杯组打开时的最小真空	反冲 1b－1b.2		≤2千帕
对于超过32位的挤奶厅，或有多个脉动器的挤奶系统，应检测第二个挤奶杯组			
1c. 2个挤奶杯组打开时的平均真空（平均5～20秒）	真空降值 1a－1c		<2千帕（超过32位）
1c.1. 2个挤奶杯组关闭时的最大真空	过冲 1c.1－1c		<2千帕（超过32位）
1c.2.2 个挤奶杯组打开时的最小真空	反冲 1c－1c.2		<2千帕（超过32位）

有效储量、实际储量和调节效率测定

	校前测试	调整重置	指南或推荐值
2a. 有效储量：进气量比运行中集乳瓶气压低2千帕（升/分钟）			每分钟1000升＋每分钟30升/杯组
2b. 调节器感应器真空（千帕）			不适用于变频调节器
2c. 实际储量：关闭调节器（升/分钟）			
2d. 调节效率：有效真空/手控真空×100%			不低于90%为最佳
2e. 调节器感应器处真空变化（1a感应器－2b）			不低于1.3千帕

有效储量、实际储量和调节效率测定	校前测试 挤奶系统各组件的进气量测定	调整置置 进气量(升/分钟)	改变后的重设值(升/分钟)	指南或推荐值
调整后的空气流量计所得的测量值，此时集乳瓶中压力为最大真空(1a) 空气流量计读数(升/分钟)				
3a. 所有奶杯被塞住，且所有组件正常运行				指南或推荐值
3b. 1个挤奶组杯打开，4个奶杯不塞住	1个挤奶杯组脱杯时 3a－3b 进气量			随挤奶系统设计和挤奶杯组类型而变化
3c. 挤奶杯组1个奶杯不塞住，其余3个全部塞住	1个奶杯 3a－3c 的进气量			随挤奶系统设计和挤奶杯组类型而变化
	关闭挤奶杯组，并重新塞住所有奶杯			
3d. 所有脉动器不连接或关闭	脉动器 3d－3a 的进气量			每分钟20～40升/脉动器
3e. 挤奶杯组不连接	挤奶杯组 3e－3d 的进气量			每分钟10～15升/奶杯组出口
3f. 调节器不连接	调节器 3f－3e 的进气量			根据生产指南空气用量为宜
3g. 其他设备不连接	其它设备 3g－3f 的进气量			根据生产指南空气用量为宜
3h. 记录所有组件设备不连接时的真空泵入口处真空	3g－3f 的进气量			
真空泵	泵1			
	泵2			
真空泵	泵2			
真空泵容量测定结果	真空泵容量测定结果 总计			

有效储量、实际储量和调节效率测定	校前测试	调整重置	指南或推荐值
4a. 额定真空水平下，泵的空气流量容量	系统空气泄漏测定结果		参见生产指南说明
4b. 1a 状态下，真空泵入口工作状态时的空气流量容积	或者，泵吸入口出的空气流量与系统连接和不连接真空泵时的泵吸入口运行真空（1a）的差值	升/分钟	运行条件下的真空泵容积保证挤奶时系统真空的稳定需求，同时满足清洗需求
	升/分钟		升/分钟
4b（测得泵吸入口真空 3h）－ 3g 再次确认集乳瓶真空和有效容积（安全性检查用于检测系统再次连接正确，可以正常运行） 集乳瓶真空（千帕） 有效容积		友情建议：哪些部件需要首先维修或更换？	升/分钟

用户确认书

上述挤奶设备中的设计不足之处足对　　牧场在　　天时的分析结果，在专家能力范围内，与用户就以上结果达成共识。

奶牛场主/乳品加工　　　　　　供应商/设备工程师

优先顺序

七、本章问题

1. 主真空度一直稳定在 42 千帕左右，低位挤奶系统，低位电子计量器，挤奶杯组和集乳器无漏气现象；为何集乳器内平均真空度总在 35 千帕之下？

2. 参阅下表，这些数据能告诉您什么？

群号	牛头数	0~15秒流量	15~30秒流量	30~60秒流量	60~120秒流量	脱杯流量	流量峰值	低流量%	头2分钟产量	头2分钟产量占比/%	挤奶持续时间	7天平均产量
所有	1730	0.5	1.6	1.5	2.2	0.3	3.4	31.1	3.76	34.3	5：14	29
1	32	0.2	1.2	1.6	2.5	0.3	3.4	24.6	3.67	33.5	4：44	16
11	58	0.7	2.1	1.9	3.1	0.3	4.5	23.9	4.68	25.3	5：44	41
12	95	0.6	2	2.1	3	0.3	3.5	24.2	4.74	30.7	6：06	40.3
13	118	0.6	2	1.9	2.9	0.3	4.1	26	4.53	25.8	6：19	37.1
14	124	0.7	2.2	2.2	3.2	0.3	3.4	20.1	5.05	34.1	5：50	39.3
21	92	0.6	1.9	1.6	2.8	0.3	4.4	27.8	4.19	24.8	5：35	29
22	7	0.7	2	1.6	2.9	0.3	5.4	25	4.45	28.2	5：48	33.6
23	61	0.6	1.9	1.9	2.9	0.3	4.1	25.8	4.47	25.2	5：47	37.1
24	11	0.6	1.7	1.8	2.2	0.3	4.1	22.6	3.72	21.7	6：48	38.9
31	7	0.3	1.6	1.5	1.3	0.3	3.9	46.3	2.55	16	5：15	25.4
32	146	0.4	1.4	1.5	2.4	0.3	3	28.5	3.64	24.9	5：08	26.7
33	1	0.4	1.7	2.5	2.9	0.3	3.3	13	4.65	22.1	4：49	40.1
34	8	0.4	1.1	1.3	2.5	0.2	2.7	39.1	3.49	30.4	6：20	28.8
51	108	0.6	1.8	1.2	2.3	0.3	3.6	31.7	3.54	28.5	5：51	33
52	76	0.6	1.7	1.4	2.9	0.2	3	24.9	4.22	26.5	5：23	36.9
53	17	0.4	1.4	0.9	2	0.3	3.2	44.1	2.92	44.5	4：12	21.7
54	13	0.4	1.9	1.5	2.9	0.3	3.5	29.7	4.29	27.9	5：38	27.7
61	151	0.6	1.7	1.2	2.1	0.2	3	33.6	3.25	42.4	4：45	24.1
62	107	0.6	1.5	1	1.9	0.2	2.5	35.4	2.96	39.3	4：59	22.5
63	128	0.5	1	0.7	1.5	0.2	2.1	48.5	2.21	53.6	3：42	14.9
64	148	0.4	1.4	1.2	1.8	0.2	2.6	46.3	2.86	65	3：23	16
91	2	0.7	3.3	3.1	4	0.1	4.5	12	6.47	60.7	4：16	30.7
93	7	0.4	1	1.2	2.5	0.2	4.2	28.6	3.48	12.4	8：24	42.3
94	5	0.4	1.5	1.2	3	0.3	3.1	44.4	3.08	32.7	5：17	36.8
97	208	0.3	1.4	1.8	2.6	0.3	3.6	29.3	3.88	25.2	5：44	28.2

3. 参阅下表，问题出在什么地方？

群号	牛头数	昨天头2分钟产量占比/%	昨天头2分钟产量	昨天0~15秒流量	昨天15~30秒流量	昨天30~60秒流量	昨天60~120秒流量	昨天脱杯流量	昨天低流量占比/%	昨天挤奶持续时间	昨天流量峰值	昨天平均流量
所有	1720	45.0	4.92	0.3	1.8	2.6	3.1	0.3	29.3	5：13	4.1	2.4
11	85	44.8	5.29	0.3	1.9	3.1	3.4	0.3	26.1	5：05	4.1	4.0
12	108	44.3	6.46	0.4	2.5	3.4	4.0	0.3	25.6	5：51	4.8	2.6
13	108	43.9	6.01	0.4	2.3	3.1	3.8	0.3	23.5	5：09	4.5	2.7
14	108	37.4	6.13	0.3	2.1	3.3	3.9	0.2	21.1	8：08	5.1	2.6
21	108	60.9	3.45	0.4	1.5	2.0	2.0	0.3	42.3	4：14	3.1	1.6
22	112	48.5	5.34	0.4	2.1	3.0	3.4	0.4	26.4	4：45	4.1	2.3
23	100	41.7	5.64	0.4	2.0	3.1	3.5	0.5	19.0	5：24	4.3	2.9
24	76	37.4	5.06	0.4	1.6	2.7	3.2	0.3	17.0	5：48	4.1	2.8
31	127	35.9	5.29	0.2	1.8	2.8	3.4	0.4	24.3	5：50	4.6	2.6
32	113	40.1	5.32	0.3	1.9	2.8	3.4	0.3	25.6	5：38	4.3	2.4
33	152	44.6	5.29	0.3	2.0	2.7	3.4	0.3	26.6	4：40	4.5	2.8

4. 以下两张图长奶管的安装均会造成什么问题？

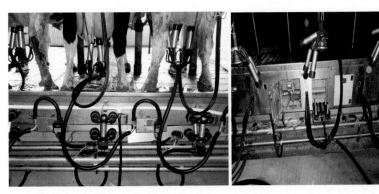

5. 某奶牛场因原先挤奶厅使用多年，挤奶设备破旧不堪，后来就找到一家著名跨国挤奶设备供应厂家按标准安装规范又新建了一个挤奶厅，正式运营后发现：分娩后直接去新挤奶厅挤奶的那些泌乳牛一切正常，而由旧挤奶厅转移到新挤奶厅挤奶的那些泌乳牛却频发临床乳房炎，这些泌乳牛原先在旧挤奶厅挤奶时也一切正常，几无临床乳房炎。如何破解？

6. 这是某挤奶设备厂家安装的长奶管→计量器→连接挤奶管道通径实照，您能判断其是否靠谱吗？

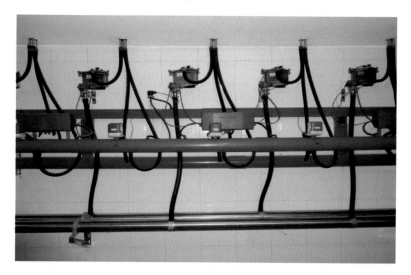

如何做好挤奶系统功能评估工作

第十五章 哪些乳头损伤应归咎于挤奶系统功能异常或挤奶操作流程欠佳?

众所周知,奶牛乳头是抵御乳房炎(临床乳房炎和亚临床乳房炎)致病微生物侵入乳房内部最重要的物理屏障。除支原体和藻类原膜菌可经血液循环感染乳房外,所有其他乳房炎致病微生物均必须穿过乳头末端的乳头孔方可侵入乳房内部。所以,乳头表层皮肤、乳头末端和乳头孔的结构完整与功能正常在有效预防乳房炎方面就显得格外重要。毋庸讳言,与自然授乳和人工挤奶相比较,机器挤奶多多少少会对乳头造成某种程度的损伤,这当然缘于机器挤奶的人工智能仿生环节依然难以完全精确模拟自然授乳和人工挤奶过程。既然如此,乳头损伤是否应该完全归咎于挤奶系统?完全相反,各种不利的外界环境因素或传染性因素也会造成乳头损伤而致发生乳房炎。故而,我们可将乳头损伤的原因一般归纳为以下 3 大类:

(1)外界环境性。

(2)非环境性(传染性)。

(3)机械性(挤奶系统和挤奶操作)。

为避免繁冗的文字描述使同道们对上述 3 类乳头损伤难以获得清晰概念,本章采用乳头异常图谱形式做简洁介绍,共分为 3 部分逐一论述,题目分别为:"哪些乳头损伤应归咎于挤奶系统功能异常或挤奶操作流程欠佳？""哪些乳头损伤应归咎于不利的外界环境？"和"哪些乳头损伤应归咎于传染性微生物？"亟盼奶牛场现场领军者、临床当值兽医、挤奶厅主管以及其他相关人员藉助这些图谱，能够基本准确地鉴别本场乳头损伤的原因究竟归咎于哪一类，进而制定出正确合理的解决方案和有效防治乳房炎的措施；切忌动辄就找挤奶系统设备厂家顶罪，这样做只会剑走偏锋、南辕北辙。

第一部分：哪些乳头损伤应归咎于挤奶系统功能异常或挤奶操作流程欠佳？

一、从乳头异常的哪些方面可以初步追溯到挤奶系统功能反常或挤奶操作流程不到位？

（1）乳头末端过度角质化。

（2）乳头孔外翻、闭合不全和磨蚀。

（3）乳头表层皮肤颜色变化反常。

（4）乳头末端点状瘀斑出血。

（5）乳头表层皮肤呈现衬口环。

（6）湿挤。

（7）乳头末端呈楔形。

二、乳头末端过度角质化主要由哪些因素造成？

造成乳头末端过度角质化主要缘于过挤。"过挤"这个词同道们并不生疏，那么，哪些原因可能造成过挤呢？

（1）挤奶操作流程前处理头三把验奶与套杯前擦干乳头两环节刺激按摩不足。

（2）挤奶操作流程延迟套杯环节不到位（套杯太早或太晚）。

（3）奶流速峰值时段集乳器真空度太低。

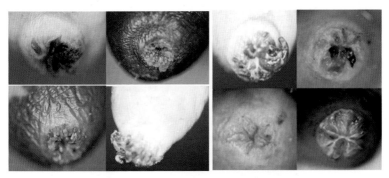

图 15-1　8 例不同类型的乳头末端过度角质化

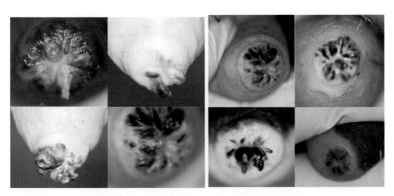

图 15-2　8 例不同类型的乳头末端过度角质化

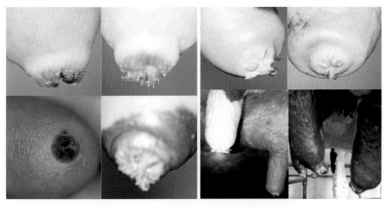

图 15-3　8 例不同类型的乳头末端过度角质化

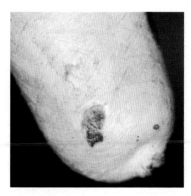

图 15-4　1 例乳头末端过度角质化并伴有乳头牛痘病毒感染（注意乳头左侧皮肤红疤）

（4）脉动器 B 相值太高和 D 相值太低。

（5）脱杯流量设定不到位（低于 800 毫升 / 分钟）。

（6）应该强调的是：若 >20% 的乳头出现类似状况，应立即采取措施纠正。

这儿提供 25 帧不同类型的乳头末端过度角质化图片（图 15-1 至图 15-4）供同道们参考。

三、乳头孔外翻、闭合不全和磨蚀主要由哪些原因造成？

造成乳头孔外翻、闭合不全和磨蚀的主要原因类同于造成乳头末端过度角质化，即"过挤"，此处不再赘述。同样应该强调的是：若 >20% 的乳头出现类似状况，应立即采取措施纠正。这儿提供 10 帧不同类型的乳头孔外翻、闭合不全和磨蚀图片（图 15-5 至图 15-7）供同道们参考。

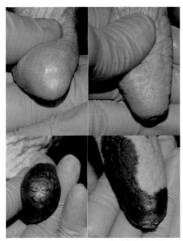

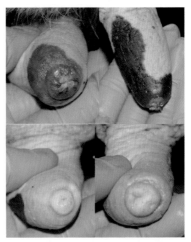

图 15-5　4 例不同的乳头孔状况分别为：左上乳头孔平滑，基本正常；右上乳头孔略有外翻；左下乳头孔外翻严重；右下乳头孔不仅外翻严重并且出现过度角质化

图 15-6　4 例较严重乳头孔外翻、闭合不全和磨蚀，注意左上病例和右上病例有可能发展为乳头末端过度角质化

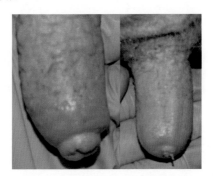

图 15-7　2 例较严重乳头孔外翻、闭合不全和磨蚀，注意右侧病例有可能发展为乳头末端过度角质化

四、乳头表层皮肤颜色变化反常主要由哪些原因造成？

造成乳头表层皮肤颜色变化反常主要由以下原因造成：

（1）挤奶时段发生的充血未完全清除，这一般缘于：

1）脉动器功能异常，D 相值低；

2）奶衬适配乳头较差。

（2）这类状况常见于细长乳头和乳房水肿的新产牛。

（3）应该强调的是：若>20%的乳头出现类似状况，应立即采取措施纠正。

这儿提供 1 帧乳头表层皮肤颜色正常图片和 10 帧乳头表层皮肤变化反常图片（图 15-8 至图 15-12）供同道们参考。

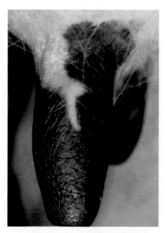

图 15-8　这是正常乳头：表层皮肤亮泽、乳头末端平整、无明显异常

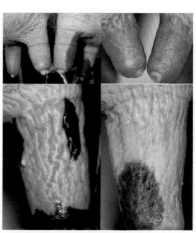

图 15-9　4 例乳头表层皮肤颜色变化反常；注意左上病例和左下病例均有衬口环

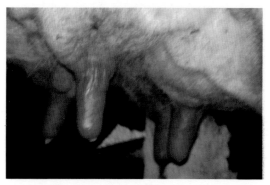

图 15-10　1 例乳头表层皮肤颜色变化反常

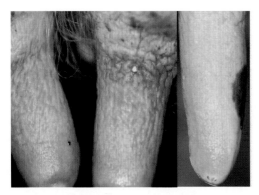

图 15-11　2 例乳头表层皮肤颜色变化反常；注意左侧病例还呈现衬口环

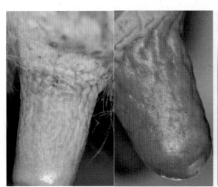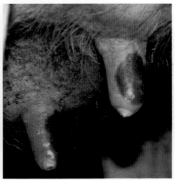

图 15-12　3 例乳头表层皮肤颜色变化反常；注意左分图病例还呈现衬口环

五、乳头末端点状瘀斑出血主要由哪些原因造成？

造成乳头末端点状瘀斑出血主要由以下原因造成：

（1）真空度过高。

（2）B 相值过低。

（3）过挤。

（4）损伤造成皮下出血；皮下出血后表皮破裂造成更严重出血。

（5）应该强调的是：若 >20% 的乳头出现类似状况，应立即采取措施纠正。

这儿提供 5 帧乳头末端点状瘀斑出血图片（图 15-13 和图 15-14）供同道们参考。

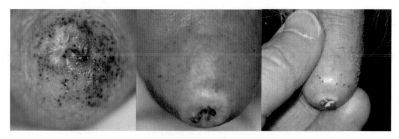

图 15-13　3 例乳头末端点状瘀斑出血

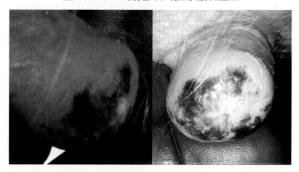

图 15-14　2 例乳头损伤后造成皮下出血；右侧病例为损伤皮肤破裂后所致的出血

六、乳头皮肤表层呈现衬口环主要由哪些原因造成？

造成乳头皮肤表层呈现衬口环主要由以下原因造成：

（1）衬口腔真空度太高。

（2）奶衬和乳头适配性较差。

（3）挤奶操作流程前处理不到位而致催产素释放不足、二次峰值和挤奶不完全。

（4）过挤。

（5）乳头挤奶期时段（B 相）的暂时性充血未及时清除。

（6）D 相值太低、脉动器功能失常或设置不合理。

（7）常见于乳房水肿的产后牛，因为水肿乳头较难完全进入奶衬。

（8）应该强调的是：若 >20% 的乳头出现类似状况，应立即采取措施纠正。

这儿提供 8 帧不同乳头皮肤表层呈现衬口环图片（图 15-15）供同道们参考。

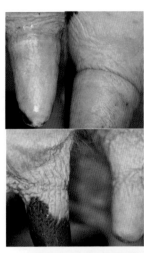
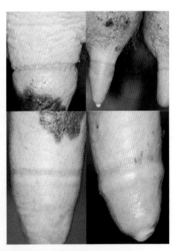
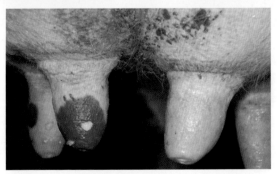

图 15-15　8 例乳头皮肤表层呈现衬口环

七、湿挤会造成什么后果？

套杯前乳头未擦干，或清洗挤奶台水花溅沾乳头，或水花进入挤奶杯组，均会由于奶衬腔体与乳头皮肤接触摩擦力不足而向上窜爬并扭曲，这极易造成原奶细菌数增加和临床乳房炎发病率升高；如果清洗水源被假单胞菌污染，还会导致假单胞菌临床乳房炎，严重病例将会发生死亡。这儿提供2帧不同类型的湿挤图片（图15-16）供同道们参考。

图 15-16　2 例湿挤

八、乳头末端呈楔形主要由哪些原因造成？

造成乳头末端呈楔形主要归咎于奶衬设计不合理或奶衬与乳头不适配而致压力过高，与 D 相值较长也有一定关系。这儿提供 1 帧乳头末端呈楔形图片（图15-17）供同道们参考。

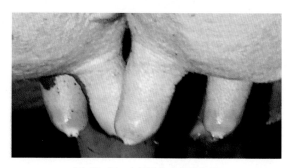

图 15-17　1 例乳头末端呈楔形

第二部分：哪些乳头损伤应归咎于外界环境？

外界环境性乳头损伤可细分为如下 10 类：

（1）冻伤。

（2）恶劣天气损伤。

（3）干燥、风吹、寒冷、劣质乳头药浴液等造成的皲裂损伤。

（4）昆虫叮咬损伤。

（5）泥污磨损伤。

（6）哺乳犊牛吸吮损伤。

（7）化学祛皮剂损伤。

（8）护膜型乳头药浴液蓄积过多损伤。

（9）化学品损伤

（10）物理性损伤。

以下我们将对上述 10 类分别附图予以简述。

一、冻伤

乳头末端冻伤在我国北方地区极为常见，这儿提供 4 帧不同类型的乳头末端冻伤图片（图 15-18）供同道们参考。在冬季，许多因素有可能对奶牛乳头造成不可逆转的冻伤，如低温、狂风、缺乏垫草的冰冻奶牛憩息地、未使用冬用型乳头消毒液、泌乳早期等，但列为第一位的最重要因素是低温，其次是风速；两者叠加，则更容易造成冻伤，表 15-1 是西方学者就此研究的结果。以下简述造成冻伤的各种主要因素。

1.气温

从 15-1 看，无风情况下气温低于 −15℃ 就可能发生冻伤。但考虑到中国各奶牛场冬季几乎不使用防冻型（即冬用型）乳头消毒液，所以，无风情况下气温低于 –10℃也极有可能发生乳头冻伤。

2.风速

风速与风寒指数（Wind Chill Index；俗称风寒温度）密切相关。风寒温度就是人在有风条件下对温度的实际感受程度（我国气象部门天气预报中并不报道风寒温度信息）。在同一气温条件下，风速越高，风寒温度越低。根据表 15-1 可以大致推断：露天情况下，即使气温在 0℃左右，风速仅为和风级（即 4 级风，每秒 5.5 ~ 7.9 米，可吹起尘土和纸张，树的小枝摇动），此时风寒温度也会低于 –10℃，如不使用冬用型乳头消毒液，则可能会发生冻伤。在风寒温度为 –32℃时，潮湿的乳头在不到 1 分钟内就会发生冻伤！在冬季，一般牛舍内除正常必要的空气流通外，应呈无风状态，即 0 级风（风速为每秒 0.3 ~ 1.5 米），但如出现穿堂风或贼风，并且牛舍内气温低于 –4℃以下，亦应警惕乳头冻伤的发生。

3. 栖息地

无论露天或舍内，如地表结冰，奶牛栖息处如不给予足够垫草，奶牛卧下后乳头直接接触冰冻的地表，那自然也会发生乳头冻伤。

4. 泌乳早期

泌乳早期因泌乳功能旺盛，乳头常常充盈乳汁，并不断外溢。此时只要气温低于 –10℃以下（无风气温 <–10℃，或风寒指数 <–10℃），极易发生乳汁冻结而致乳头冻伤。

5. 使用常规乳头消毒液

冬季如继续使用常规乳头消毒液而不改用冬用型乳头消毒液，那也容易招致乳头冻伤。道理很简单：常规乳头消毒液 95% 以上为水，其冰点与水的冰点基本相同。挤后药浴就如同水浴，在低温情况下岂能不结冰？结冰后岂能不损伤乳头？

表 15-1 温度与风速对乳头冻伤的影响

温度/℃

无风	2	−1	−4	−7	−9	−12	−15	−18	−21	−23	−26	−29	−32
8	0	−3	−6	−9	−12	−14	−17	−21	−23	−26	−29	−32	−35
16	−6	−9	−12	−16	−19	−23	−26	−29	−33	−36	−40	−43	−47
24	−9	−13	−17	−21	−24	−28	−32	−36	−39	−43	−47	−50	−54
32	−12	−16	−19	−23	−27	−32	−36	−39	−43	−47	−51	−55	−59
40	−13	−18	−22	−26	−30	−34	−38	−42	−47	−51	−54	−59	−63
48	−15	−19	−23	−28	−32	−36	−41	−44	−49	−53	−57	−62	−66
56	−16	−20	−24	−29	−33	−37	−42	−46	−51	−55	−59	−63	−68
64	−17	−21	−26	−30	−34	−38	−43	−47	−52	−56	−61	−65	−69
72	−17	−22	−26	−31	−35	−39	−44	−48	−52	−57	−61	−66	−70

白色：无可能发生冻伤；黄色：有可能发生冻伤；红色：将会发生冻伤。

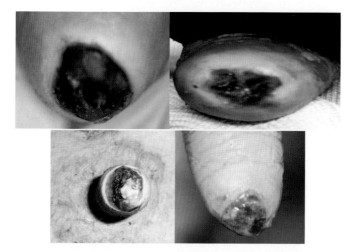

图 15-8 由于暴露在极度寒冷潮湿环境所致的 4 例不同类型的乳头末端冻伤，这些冻伤均不可逆转修复，最终只得忍痛淘汰

二、恶劣天气损伤

恶劣天气损伤常发生于放牧草原或露天饲养（运动场）的泌乳牛群。恶劣天气包括：狂风暴雨、飞沙走石、冰雹急降等，这些均会对乳头末端和乳头本身造成不同程度的损伤，但与乳头冻伤不同，

这些损伤如无继发感染，在恶劣天气过后 7 ～ 14 日左右一般都可自愈修复。这儿提供 4 帧不同类型的恶劣天气造成的乳头损伤图片（图 15-19）供同道们参考。

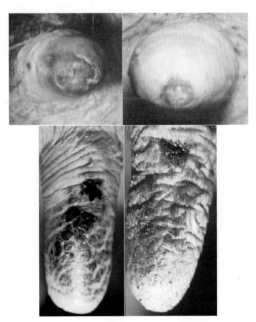

图 15-19　由于暴露在极度恶劣天气所致的 4 例不同类型的乳头损伤

三、干燥、风吹、寒冷、劣质乳头药浴液等造成的皲裂损伤

乳头皮肤皲裂损伤最常见于使用劣质乳头药浴液的奶牛场。劣质乳头药浴液（含碘类）一般是指杀菌功效极低，如最终有效碘含量不足 2500ppm；最终护肤剂含量不足则指低于 2% 浓度。此外，多风、阴寒、寒冷天气自由卧栏褥草潮湿或使用干燥剂不当或根本不使用后药浴液均为乳头皮肤皲裂损伤的成因。这儿提供 15 帧这类损伤的图片（图 15-20 至图 15-22）供同道们参考。

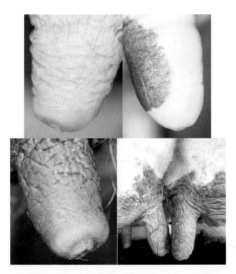

图 15-20　4 例因乳头药浴液护肤剂含量不足或乳头药浴液杀菌功效极差所致的乳头皮肤表层干燥和呈现皱纹

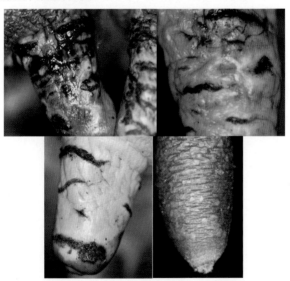

图 15-21　左上分图示乳头皮肤被昆虫叮咬损伤或化学品损伤；右上分图示因使用杀菌功效极差或护肤剂含量不足的劣质乳头药浴液或自由卧栏应用干燥剂所致的损伤；左下分图示细菌感染造成的疤痕；右下分图示因使用护肤剂含量不足的劣质药浴液或根本不使用后药浴液而致的损伤

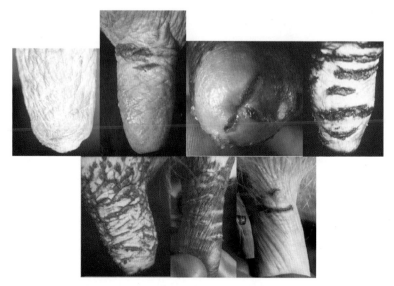

图 15-22　左上分图示乳头皮肤非常干燥；上中左分图和右下分图均示后药浴液未浸润覆盖乳头基部区域和奶衬唇口过紧对乳头基部造成的损伤；上中右分图示寒冷天气乳头未擦干造成的损伤；右上分图、左下分图和下中分图均示寒冷刮风天气未提供防风硬件设施、自由卧栏垫料潮湿或使用干燥剂或未使用冬用型乳头药浴液所致的损伤

四、昆虫叮咬损伤

乳头常见的昆虫叮咬损伤多由蚊蝇、牛虻、蜱等有害昆虫引起，这儿提供 1 帧乳头因昆虫叮咬而损伤的图片（图 15-23）供同道们参考。

五、泥污磨擦损伤

如果泌乳牛乳房区域、附关节及附关节以上部位被覆大量泥污，行走时乳头区域与大腿内侧相互摩擦即可造成此类损伤，常见损伤处为乳区大腿侧，但有时也会波及乳头。这儿提供 1 帧这类损伤的图片（图 15-24）供同道们参考。

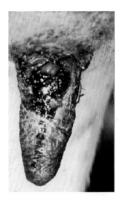

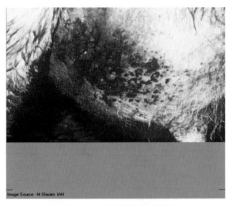

图 15-23 示乳头
基部被昆虫叮咬后创口
开裂（昆虫从创口处获
取养分），以及愈合处因
发痒摩擦而致的损伤

图 15-24 示泥污摩擦损伤

六、哺乳犊牛吸吮损伤

乳头由于哺乳犊牛吸吮而造成的损伤多由于分娩后未及时分离
开初生犊牛与其母牛（尤其在放牧条件下或夜间分娩无人照料），具
体原因则为：乳头过长、乳头下部不规整（未呈圆锥状而是胖圆
形）、哺乳犊牛吸吮乳头用齿向下牵拉过猛等。这儿提供 8 帧这类损
伤的图片（图 15-25 和图 15-26）供同道们参考。

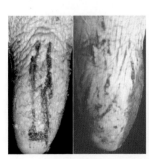

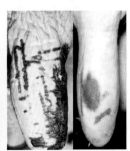

图 15-25　乳头被哺乳犊牛吸吮造成的损伤，伤痕均为垂直纵向，与哺乳犊牛
吸吮时向下拉扯方向一致

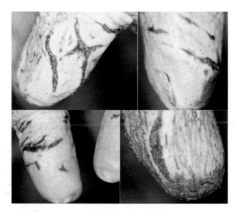

图 15-26　断奶犊牛与泌乳牛群混养容易发生此类损伤，由乳头皮肤残留的药浴液和乳头皮肤牙痕并非纵向可以得到证实（因断奶犊牛不必头仰上吸吮乳汁）

七、化学祛皮剂损伤

乳头末端过度角质化易造成乳头外翻或乳头孔闭合不全。故而，人们常使用各类化学祛皮剂来清除乳头末端过度蓄积的角质物质。如果正确适当使用，应该对乳头没有什么不良影响，但如果滥用，则可能真正将乳头末端褪了一层皮！这儿提供3帧这类损伤的图片（图15-27）供同道们参考。

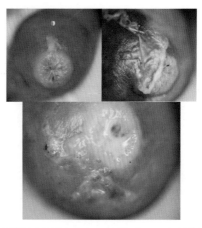

图 15-27　应用化学祛皮剂造成的乳头末端损伤，乳头末端被真正褪掉一层皮

八、护膜型乳头药浴液蓄积过多损伤

为协助奶牛场有效降低环境性乳房炎（主要是临床乳房炎），国内外乳头药浴液生产厂商常常提供不同类型的护膜型后药浴液，这些不同类型的护膜型后药浴液的确在防止环境性乳房炎致病菌进入挤奶后乳房内部作祟发挥了不错功效。遗憾的是：使用护膜型后药浴液乳头皮肤表面上形成的那层膜每次挤奶前必须彻底清除，单靠手工反复擦拭既耗时又费力，效率低下而且不一定能彻底清除干净，同时还会对乳头造成不同程度的损伤。这里提供 12 帧这类损伤的图片（图 15-28 至图 15-30）供同道们参考。

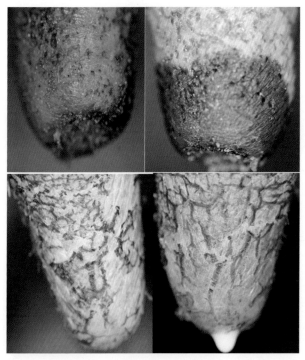

图 15-28　使用护膜型后药浴液再次挤奶前未能彻底清除乳头皮肤表面上形成的膜；左下分图和右下分图均表明护膜型后药浴液护肤剂含量过少而致乳头皮肤干燥，故而更难彻底清除乳头皮肤表面上的那层膜

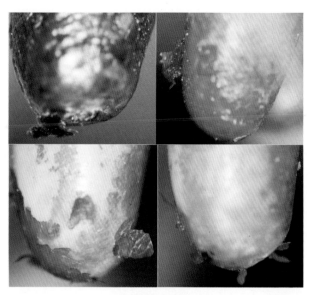

图 15-29　使用护膜型后药浴液再次挤奶前未能彻底清除乳头皮肤表面上形成的膜，累次积聚后形成的皮痂，严重时甚至诱发生成赘生物

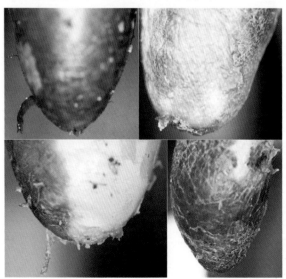

图 15-30　使用护膜型后药浴液再次挤奶前未能彻底清除乳头皮肤表面上形成的膜；左上分图和右上分图与图 15-29 描述相同；左下分图和右下分图虽表明护膜型后药浴液护肤剂含量足够，但依然未能彻底清除乳头皮肤表面上的那层膜

叙图述文至此，同道们一定会问：那么，使用护膜型后药浴液再次挤奶前如何能够彻底清除乳头皮肤表面上形成的那层膜呢？此处破解的要点如同用"钥匙"打开"锁"：即"锁"为护膜型后药浴液，而"钥匙"为配套对应于"锁"化学特性的溶膜型前药浴液。毋庸置疑，国内外乳头药浴液生产厂家有能力做出各类"锁"者比比皆是，但要能做出解"锁"的"钥匙"却非一日之功（此处只是藉用比喻，工业上制锁和制钥匙易如反掌）！国外仅个别跨国集团研发出了较为成功的制作"钥匙"的化学配方和制作工艺流程技术，同时业已申请专利保护，暂时不会解密。上海某清洁用品公司历尽艰辛，反复试验，终于自主及时研发出"食品级溶膜型前药浴液（配套定制）"的化学配方和制作工艺流程技术，产品投放市场后效果非常明显（表15-2）。

表2　南方某大型自由卧栏奶牛场（沼渣垫料），奶牛存栏总数>40000头，其中成母牛21707头，自2016年开始使用该公司产品（溶膜型前药浴液和护膜型后药浴液），年月临床乳房炎发病率结果见表15-2。

表 15-2

	月平均临床乳房炎发病率	临床乳房炎下降率（与2015年相比）	临床乳房炎下降率（与16年相比）
2015 年	2.69%		
2016 年	2.01%	25%	
2017 年	1.39%	48%	31%
2018 年	1.37%	49%	1.4%

九、化学品损伤

常见化学品对乳头造成的伤害包括强碱、强酸、干燥剂、脱皮剂（祛除过度积聚的角质）、自由卧栏干燥剂等。这儿提供 14 帧这类损伤的图片（图 15-31 至图 15-33）供同道们参考。

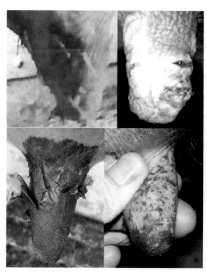

图 15-31 两上分图和左下分图均为乳头皮肤接触了强酸或强碱而致的损伤；右下分图为使用酸性后药浴液与自由卧栏干燥消毒剂石灰粉相互作用而致的损伤

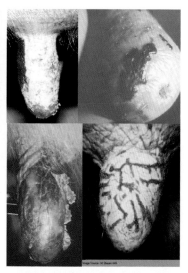

图 15-32 左上分图乳头皮肤呈薄片状，系化学品损伤，可能缘于劣质药浴液；右上分图乳头皮肤干燥和皮肤下层出血，亦系化学品损伤；左下分图为连续 7 天使用双氧水祛除乳头积聚的过多角质所致，乳头皮肤表皮几乎完全脱落；右下分图乳头为强碱或强酸损伤，乳头皮肤虽有较多伤痕，但比较杂乱，并非纵向，所以不是哺乳犊牛吸吮损伤

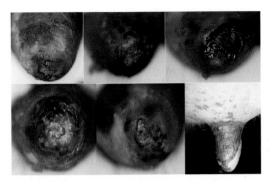

图 15-33　6 帧分图示乳头皮肤被强碱或强酸损伤，当然也可能缘于烧燎乳区杂毛时的灼伤所致，这从右下分图乳区有斑点状灼痕可以得到证实

十、物理性损伤

乳头物理性损伤常由于踏踩、碰撞围栏铁刺、卧床后缘过高刮擦、灌木草丛划伤、挤奶厅和牛舍内部及舍外运动场各类低中位尖锐毛角（如焊接点未打磨光滑、铆钉或螺丝外露部分太多、捆绑固定铁丝末端未正确处理而外凸形成利刺等）碰伤。这儿共提供 22 帧这类损伤的图片（图 15-34 至图 15-38）供同道们参考。需要强调的是：如有可能，对任何这类损伤应及时清创和缝合创口，或用微孔透气胶带粘合创口，防治感染，同时继续挤奶，理应获得不错的预后效果。

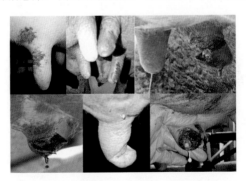

图 15-34　左上分图示乳头和乳区皮肤被自由卧栏高后缘（>15 厘米）刮伤后结痂；上中分图为前药浴液和后药浴液杀菌功效仅不足致乳头皮肤感染；右上、左下和右下三分图均为乳头被踏踩损伤，甚至彻底踏踩掉乳头；下中分图为踏踩损伤乳头业已痊愈

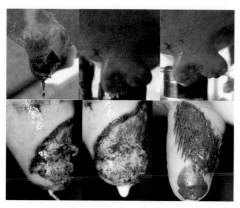

图 15-35　左上分图示乳头刚刚被踏踩，上中和右上两分图示被踏踩乳头随后已部分痊愈；左下和下中两分图亦示乳头新近被踏踩，但正在痊愈；右下分图示乳头被自由卧栏高后缘（>15 厘米）刮伤结痂

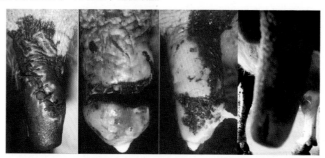

图 15-36　左分图为带刺铁丝将乳头纵向划伤，采取连续缝合法将外翻皮肤伤口闭合；其余三分图均为乳头被踏踩致乳头导管损伤漏奶

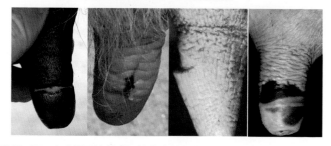

图 15-37　左分图示铁丝或钢丝乳头割伤痕并正在痊愈；中左分图示乳头被灌木草丛划伤；中右分图示乳头一侧割伤痊愈过程中皮肤形成盖状突出物；右分图示乳头几乎被完全踏踩断裂后及时清洗创口，再用微孔透气胶带将开裂创口粘合，继续挤奶，未有乳房炎发生，同时伤口愈合迅速

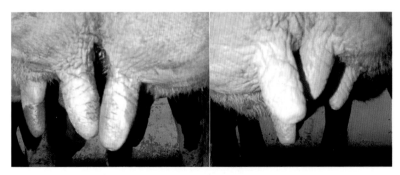

图 15-38　乳头基部区域可见斜纹性划伤，原因不明

第三部分：哪些乳头损伤应归咎于非环境性（传染性）因素？

传染性致病微生物造成的乳头损伤可以细分为如下 9 类：

（1）牛乳头瘤病毒感染损伤。

（2）牛 2 型 /4 型疱疹病毒感染损伤。

（3）牛痘病毒感染损伤。

（4）伪牛痘病毒感染损伤。

（5）口蹄疫病毒感染损伤。

（6）牛毛癣菌感染损伤。

（7）金黄色葡萄球菌感染损伤。

（8）前庭口炎病毒感染损伤。

（9）厌氧坏死梭状杆菌感染损伤。

以下我们将对上述 9 类传染性致病微生物感染造成的乳头损伤分别附图予以简述。

一、牛乳头瘤病毒感染损伤

牛乳头瘤病毒（Bovine papillomaviruses，BPV）在我国奶牛场造成的乳头损伤非常普遍（也称"疣"）。牛乳头瘤病毒 5 型（BPV-5）造成的牛乳头皮肤损伤常呈扁平"米粒状"；而牛乳头瘤病毒 1 型（BPV-1）和 6 型（BPV-6）造成的牛乳头皮肤损伤则常表现出较多的上皮性突起疣，并呈多样性，但不侵涉乳头管，通常对牛影响较小；但当疣生长旺盛或数目增多，或疣外形较大，会致使挤乳时不易套杯，或套杯后产生机械性干扰，往往发生疣被损伤或扯掉，造成奶牛疼痛；如乳头末端发生疣体，会令挤奶更加困难，加上环境污染，极易引起乳房炎。牛乳头瘤病毒感染发病与年龄、品种、性别无关；通常情况下，头胎牛比经产牛发病多。传播方式是通过直接接触，由尖锐异物如铁钉、木刺、采血针、耳标、围栏、笼头、颈枷、毛刷、建筑物等所致的创伤而发病；通过口腔侵入或生殖道黏膜也可形成感染发病。由此可见，饲养管理不当、牛群拥挤、憩息环境差和不严格执行挤奶操作流程等，均可促使本病发生和传播。治疗：牛乳头瘤病毒感染造成的牛乳头皮肤疣经 4～6 个月，由于病灶基底部发生干燥、坏死和脱落，故无须治疗而自愈。但因疣体较长时不脱落或有机械性障碍时，应采用外科切除、冷冻和结扎等方法：结扎法适用较大疣，用细绳绑缚疣基底部数月即可脱落，残留病灶可涂布冰醋酸或氢氧化钾液；切除法即从疣基底部用外科刀切除，创面涂布 10% 碘酊即可并防止出血。这儿提供 17 帧不同类型的牛乳头瘤

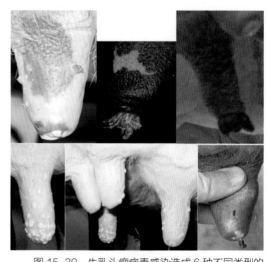

图 15-39　牛乳头瘤病毒感染造成 6 种不同类型的乳头损伤病变照片

病毒感染损伤乳头照片（图15-39至图15-41）供同道们参考。

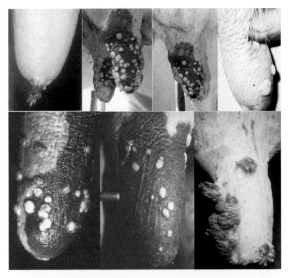

图 15-40　牛乳头瘤病毒感染造成 7 种不同类型的乳头损伤病变照片

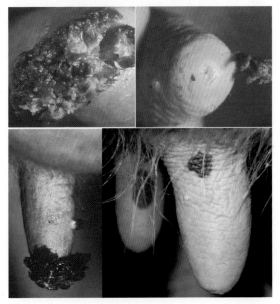

图 15-41　牛乳头瘤病毒感染造成 4 种不同类型的乳头损伤病变照片

二、牛 2/4 型疱疹病毒感染损伤

牛 2 型疱疹病毒感染损伤常致乳头皮肤表层溃疡，1957 年在非洲首次发现，继后不少国家相继有关于此病的报道，我国于 2000 年 9 月初第一次确诊本病，随后各地陆续零星发生；2020 年 7～8 月曾在某超大型奶牛场暴发，参见图 15-45。本病无有效治疗方法，应用含碘药浴液可预防本病传播，涂抹护肤剂可促进已溃疡乳头皮肤愈合。一旦感染本病，很难从全群彻底扑灭净化。故而，预防本病的根本措施为：自繁自养，杜绝引入外来牛只；严格执行挤奶操作流程和加强场区及场区周边环境灭蚊蝇工作。此外，牛 4 型疱疹病毒是丙型疱疹病毒科的新成员，对奶牛血管内皮细胞、乳腺组织、子宫内膜、胎儿组织均有很强的亲和力，对牛的繁殖机能具有不同程度的影响，本病损伤乳头的病例迄今在我国尚未见报道。这儿提供 23 帧不同类型的牛 2 型疱疹病毒感染损伤乳头图片（图 15-42 至图 15-45）和 2 帧不同类型的牛 4 型疱疹病毒感染损伤乳头照片（图 15-46）供同道们参考。

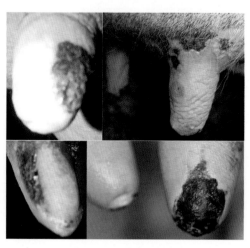

图 15-42　4 类不同类型的牛 2 型疱疹病毒感染损伤乳头病变照片

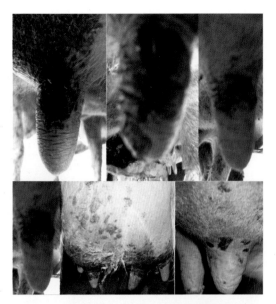

图 15-43　6 类不同类型的牛 2 型疱疹病毒感染损伤乳头病变照片

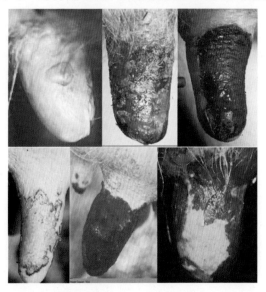

图 15-44　牛 2 型疱疹病毒感染后乳头损伤病变进程：左上分图示感染后第一
天病变；上中分图示感染后第二天病变；右上分图示感染后第四天病变；左下分图示
感染后第五天病变；下中分图示感染后第六天病变；右下分图示感染后第七天病变

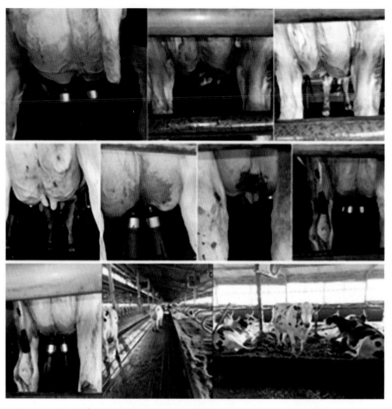

图 15-45 国内某超大型奶牛场大规模暴发乳头及邻近乳区皮肤损伤现场照片

该超大型奶牛场饲养泌乳乳牛 3400 头左右，2020 年 7 月 26 日首次发病 10 头，其中 2 头头胎牛；至 8 月 1 日迅速在全群蔓延扩散，具有鲜明的传染性极强和极快特征，导致泌乳乳牛群约 30% 罹病：乳房皮肤出现不明原因出血斑点，然后溃烂，结痂；病变仅限于乳头基部和乳房下端皮肤和乳区皮肤；发病初期有疼痛感，结痂后鲜有疼痛。前、后药浴使用游离碘浓度分别是 2500ppm/7500ppm；该场近 19 个月（2019 年 2 月至 2020 年 8 月）原奶卫生质量统计数据显示：月平均临床乳房炎为 1.4%（0.8% ~ 1.9%），体细胞平均数为 17.2 万（16.1 ~ 26.5），大罐奶样微生物平均数为 0.4 万（0.1 ~ 0.8）。舍内室温 15 ~ 26℃，使用沼渣为垫料；蚊蝇防控做得不好，卧床和牛体上可见苍蝇。基于以上临床症状仅表现乳头及其邻近乳区皮肤损伤特征，以及感染至发病潜伏期较短，可基本锁定属牛疱疹病毒 2 型 /4 型感染损伤（潜伏期 4 ~ 10日）。又由于牛疱疹病毒 4 型属 γ 疱疹病毒亚科新成员，对牛类动物血管内皮细胞、乳腺组织、子宫内膜、胎儿组织均有很强的亲和力，并造成相应严重损伤，而该场患牛并不伴发这些关联临床症状，故可暂时排除牛疱疹病毒 4 型感染假设。应用 PCR 检测最终确诊为牛疱疹病毒 2 型感染。

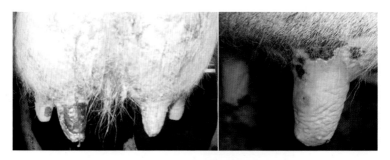

图 15-46　2 类不同类型的牛 4 型疱疹病毒感染损伤乳头病变照片

三、牛痘病毒感染损伤

种牛痘大家都非常熟悉，但现在的小孩已经不需要再接种牛痘了。为什么呢？大家知道，10 月 25 日是人类天花绝迹纪念日。世界卫生组织曾经宣布：如果连续 2 年没有发现天花病人，就可以宣告人类天花的绝迹。1977 年 10 月 26 日，在非洲的索马里发现还有 1 个天花病人，之后的 2 年中，全球再没有发现一个新的天花病人。于是，1979 年 10 月 25 日这一天，世卫组织正式宣布天花绝迹。这项宣言可以名垂史册，因为它是人类有史以来第一次对一种致命病毒取得决定性的胜利。牛痘是发生在牛身上的一种传染病，是由牛的天花病毒引起的急性感染，它的症状通常是在母牛的乳房部位出现局部溃疡。该病毒可通过接触传染给人类，多见于挤奶员、屠宰场工人，患者皮肤上出现丘疹，这些丘疹慢慢发展成水疱、脓疱，还会出现一些其他症状。不过，人类被牛痘病毒感染而致死的个案极少，但对患有免疫系统缺陷的病人而言，感染牛痘病毒却往往可以致死。由于牛痘病毒与引起人类天花病的天花病毒具有相同抗原性质，人接种牛痘疫苗后，也可以同时获得抗天花病毒的免疫力。1798 年，英国乡村医生爱德华·琴纳借鉴来自中国的"种人痘"，发明了"种牛痘"，通过打疫苗让普通人获得对天花的免疫力，从而避免天花流行。这儿提供了 8 帧不同类型的牛痘病毒感染损伤乳头病变照片（图 14-47 和图 15-48）供同道们参考；如何有效预防牛痘病毒在奶牛群传播扩散的可行性措施可参阅随后"伪牛痘病毒感染损伤"段落的相关陈述，此处不重复。

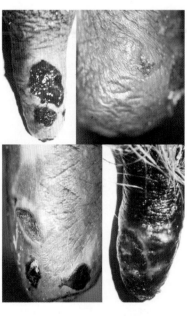

图 15-47　牛痘病毒感染后乳头损伤病变进程：左上分图示感染后第一天病变；右上分图示感染后第二天病变；左下分图示感染后第三天病变；右下分图示感染后第三天之后病变

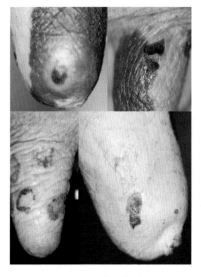

图 15-48　牛痘病毒感染后乳头损伤病变进程：左上分图和右上分图均为感染后早期病变；左下分图示感染后 1～2 周病变；右下分图示感染后 1～2 周病变，同时还可发现乳头末端过度角质化

四、伪牛痘病毒感染损伤

伪牛痘病毒感染常造成母牛患有乳房和乳头疾病，全球各地均有发生。伪牛痘病毒，与传染性深脓疮和牛丘疹性口炎同属副痘病毒，这些副痘病毒在形态学上与牛痘病毒和其他痘病毒不同，它们的宿主范围有限，不能在鸡胚生长。牛只感染该病毒后可获得短暂性免疫力，在此阶段，伪牛痘病毒传播扩散速度可能减缓，但往往会在下一胎次重复发病。传播途径主要是通过挤奶设备、挤奶员工双手、清洗液和昆虫传播，新产牛最易感染。该病毒会造成挤奶员工手和手指产生轻度的、紫色或红色有痒感的结节。该病毒感染牛只后会造成罹病牛乳头和乳房皮肤产生红色小丘疹，随后发展为水疱，最后结痂；结痂为马蹄形或圆形；病程一般为3周，但也可持续数月；特征性的马蹄形或圆形痂为临床诊断依据。鉴别诊断应与牛痘（少见）、创伤性乳头炎、疣和外伤相区别。治疗可采用护肤剂含量高的碘乳头药浴液，效果良好。本病常会造成感染牛群乳房炎发病率增加。一旦群中发生本病，欲彻底扑灭净化并非易事，可采取预防进一步扩散的措施包括：应用高效含碘乳头药浴液、员工挤奶全程必须戴手套并严格执行挤奶操作流程、严密消毒挤奶系统等。这儿提供9帧不同类型的伪牛痘病毒感染

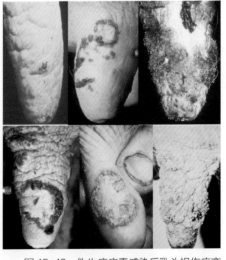

图15-49　伪牛痘病毒感染后乳头损伤病变进程：左上分图示感染后第一天病变；上中分图示感染后第四天病变；右上分图示感染后第五天病变；左下分图示感染后第六天病变；下中分图示感染后第七天病变；右下分图示感染后第八天病变

损伤乳头病变照片（图 15-49 和图 15-50）供同道们参考。

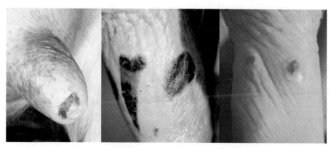

图 15-50　伪牛痘病毒感染后乳头损伤病变进程：左分图示感染后 1～2 周病变；中分图示感染后 1～2 周乳头皮肤表层呈现马蹄形病变；右分图示感染后 4～6 月乳头皮肤表层呈现水肿性丘疹病变，此阶段患牛对该病毒具有短暂性免疫力，故感染扩散速度减缓

五、口蹄疫病毒感染损伤

毋庸讳言，同道们应该非常熟悉口蹄疫病毒造成的乳头损伤，此处不再赘述，这儿提供 2 帧口蹄疫病毒感染损伤乳头不同病变的照片（图 15-51）供同道们参考。不过，需要格外提醒同道们的是：如果 6 月龄以前小犊牛感染了口蹄疫病毒，因口蹄疫病毒主要侵害上皮细胞包括小犊牛乳腺内正在发育的泌乳细胞。这些小犊牛成年正常分娩后，尽管乳腺充盈度非常不错，但却无一滴乳汁！

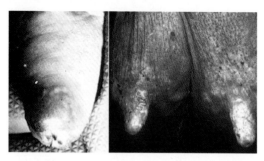

图 15-51　口蹄疫病毒感染造成的乳头病变损伤照片：左分图示感染后 24 小时内乳头皮肤表层呈现水疱；右分图示感染后 2～7 天内，水疱破裂留下红色斑块，最终形成界限不明的血痂

六、牛毛癣菌感染损伤

牛毛癣菌感染常见罹病牛周身皮肤表层出现大小不一的金钱癣、疣瘤状物或湿疹,不必治疗,可以自愈。在乳头和乳房区域皮肤表层发病不多见。这儿提供2帧牛毛癣菌感染损伤乳头和乳房所致2种不同类型的病变照片(图 15-52)供同道们参考。

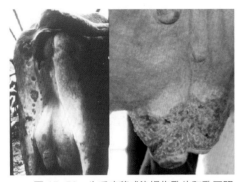

图 15-52 牛毛癣菌感染损伤乳头和乳区照片:右分图示乳区大面积湿疹

七、金黄色葡萄球菌感染损伤

如同口蹄疫病毒感染造成的乳头损伤病变,同道们对金黄色葡萄球菌感染所致乳头损伤病变也应该非常熟悉,最常见的就是一叶乳区坏疽脱落(如图 15-53)和乳头皮肤表层多处出现小脓疱。这儿提供5帧金黄色葡萄球菌感染损伤乳头所致的5种不同病变照片(图 15-53 和图 15-54)供同道们参考。

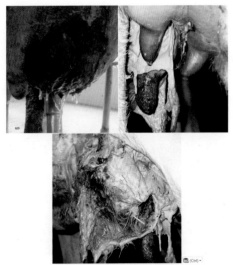

图 15-53 金黄色葡萄球菌感染损伤乳头病变照片:左上分图为感染乳区化脓;右上分图和下分图均为感染乳区坏疽脱落

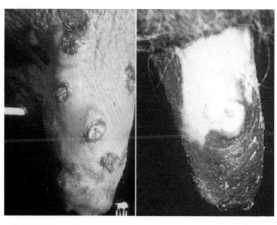

图 15-54　金黄色葡萄球菌感染损伤乳头病变照片：乳头皮肤表层多处出现小脓疱

八、前庭口炎病毒损伤

奶牛被前庭口炎病毒感染后的临床症状和乳头损伤病变与被口蹄疫病毒感染基本类似，只能依赖实验室病毒分离培养结果才能做出准确诊断。目前本病仅发生于北美和南美地区，我国属非疫区。这儿提供 2 帧前庭口炎病毒感染损伤乳头而致的 2 种不同病变照片（图 15-55）供同道们参考。

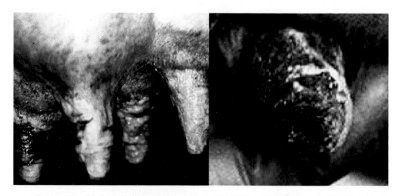

图 15-55　前庭口炎病毒感染损伤乳头病变照片：呈现水疱、水疱破溃、结痂、脱痂、皮肤表层颜色变黑和表皮下层新鲜组织暴露等不同病变进程

九、厌氧坏死梭状杆菌感染损伤

厌氧坏死梭状杆菌感染造成的乳头损伤病变有时为原发性，有时则为继发性，其损伤病变主要发生在乳头末端，基本特征为乳头末端感染坏死后形成黑色结痂，这儿提供8帧厌氧坏死梭状杆菌感染损伤乳头而致的8种不同病变照片（图15-16和图15-57）供同道们参考。预防该类乳头损伤需关注挤奶操作流程和改善憩息环境卫生状况。

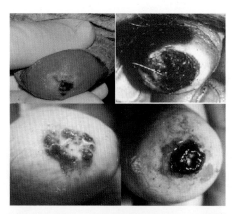

图15-56 厌氧坏死梭状杆菌感染损伤乳头病变照片

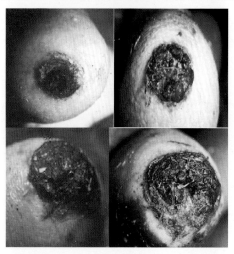

图15-57 继发性厌氧坏死梭状杆菌感染损伤乳头末端病变：全部形成黑色痂壳

最后，为方便同道们记忆与参考，我们将前述 3 部分所例举的各种不同类型的乳头损伤病变归纳小结于表 15-3。将来如有可能，可依据表 1 开发出相应的手机 App，这将大大方便我们临床诊断及时参考和减轻我们需要强行记住这些乳头损伤的脑力劳动。

表 15-3　不同类型乳头损伤病因诊断检索简表

挤奶系统损伤	非传染性致病微生物损伤	传染性致病微生物损伤
乳头皮肤表层变色	乳头皮肤皲裂	牛痘病毒感染损伤
乳头水肿	脏污擦伤	伪牛痘病毒感染损伤
乳头充血	吸吮损伤	牛 2 型 /4 型疱疹病毒感染损伤
乳头末端呈楔状	蚊蝇叮咬损伤	牛乳头瘤病毒感染损伤
乳头孔呈环状	其他磨伤和割伤	口蹄疫病毒感染损伤
乳头皮肤表层点状出血	恶劣气候损伤	前庭口炎病毒感染损伤
乳头皮肤表层大面积出血	过敏反应损伤	牛毛癣菌感染损伤
乳头孔过度角质化	光敏感损伤	金黄色葡萄球菌感染损伤
乳头表层皮肤呈现唇口环	化学品损伤	厌氧坏死梭状杆菌感染损伤

本章问题

1. 乳头末端过度角质化主要由哪些因素造成？

2. 乳头孔外翻、闭合不全和磨蚀主要由哪些因素造成？

3. 乳头表层皮肤颜色变化反常主要由哪些因素造成？

4. 乳头末端点状瘀斑出血主要由哪些因素造成？

5. 乳头皮肤表层呈现衬口环主要由哪些因素造成？

6. 湿挤会造成什么后果？

7. 乳头末端呈楔形主要由哪些因素造成？

各章问题正确答案

第一章问题：

国内某些奶牛场总是将本场临床乳房炎发病率高或亚临床乳房炎发病率高不分青红皂白，统统归咎于挤奶系统功能欠佳所致。这种观点是否正确？如何客观合理科学解释？如何令人信服地平复其满腔怒火？

正确答案：这种观点不正确。临床乳房炎感染环节有三：分别是合理的挤奶操作流程（挤奶期间）是否严格执行一丝不苟？憩息环境（两次挤奶间隔期间）是否洁净干燥舒适？干奶饲养管理是否到位？如疏忽大意，执行走样，自然会引发临床乳房炎发病率升高风险。一般而言，亚临床乳房炎感染只发生在挤奶期间，与挤奶操作流程疏忽造成传染扩散、患牛与正常泌乳牛群未正确分组和各组排序挤奶混乱等密切关联。挤奶功能欠佳某些情况下当然会损伤乳头，无疑将增加罹患乳房炎风险。但乳房炎发病率高万不可将风险因素仅仅锁定在挤奶系统功能不佳所致，这将于事无补，而且剑走偏锋、南辕北辙。举一实际例子：某奶牛场挤奶系统功能完美无缺，上厅牛挤完奶返回1号牛舍因空槽无法采食而直接上卧床躺下休息，并未站立30分钟待乳头孔完全闭合，结果造成临床乳房炎发病率

8.0%（35/440）；但 2 号牛舍未空槽可采食而至少站立 30 分钟以上的那些牛，临床乳房炎发病率仅为 1.4%（2/139）。再有，育成牛并未上厅挤奶，为什么也会发生临床乳房炎呢？

第二章问题：

1. 手工挤奶的原理是什么？

正确答案：乳头受到外部挤压力而致牛奶流出。

2. 机械挤奶的原理是什么？

正确答案：乳头内部受到真空吸力而致牛奶流出。

3. 哺乳犊牛吸吮母奶的原理是什么？

正确答案：乳头受到外部挤压力和内部真空吸力而致牛奶流出。

4. 挤奶操作流程到位，催产素适时足量释放：

1）哪项最重要的奶牛本身因素还会影响奶流速度？

正确答案：乳头管直径。

2）哪项最重要的物理机械因素还会影响奶流速度？

正确答案：乳头末端真空度。

5. 挤奶期间，造成乳头末端血流增多的主要因素是什么？

正确答案：乳头末端真空度。

6. 挤奶期间，促使乳头末端积聚血流移除的主要因素是什么？

正确答案：D 相（按摩相）塌陷奶衬的压力。

第三章问题：

1. 下图显示与脉动真空管道连接的两个电磁脉动器，其中一个处于挤奶初始阶段，奶杯奶衬开启；而另一个处于休息初始阶段，奶杯奶衬关闭。请回答：

1）说明在这两种情况下哪个是挤奶阶段（M）？哪个是休息阶段（R）？

2）画出从乳头流出的奶流。

3）在处于真空度的奶杯奶衬内室里写一个"V"。

4）在处于真空度的奶杯奶衬脉动室里写一个"V"。

5）画出导致奶杯奶衬关闭的气流。

6）画出导致奶杯奶衬开启的气流。

以上 6 个问题的正确答案参阅下图。

7）通过脉动管的空气朝哪个方向移动？朝奶杯方向还是朝脉动器方向？

正确答案：脉动管内的气流在奶杯和脉动器之间周而复始往返流动。

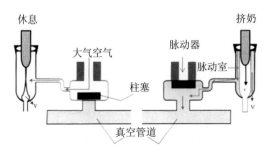

2. 需满足下列哪些条件，才可以将脉动比率设定为 70:30？

1）是否需要设置自动脱杯部件？

正确答案：需要。

2）是否需要严格认真、一丝不苟地执行挤奶操作流程前处理环节？

正确答案：需要。

3）在挤奶厅，每名员工需要负责 2×4 挤奶位抑或 2×16 挤奶位？

正确答案：每名员工需要负责 2×4 挤奶位。

4）在拴系式牛舍，每名挤奶员工需要负责 3 个挤奶位抑或 8 个挤奶位？

正确答案：在拴系式牛舍，每名挤奶员工需要负责 3 个挤奶位。

第四章问题：

如图：挤奶管道真空度设置为 47 千帕（14 英寸汞柱），请大家回答以下两个问题：

1. A 例和 B 例中集乳器内平均真空度各是多少？

正确答案：A 例集乳器内平均真空度是 10 英寸汞柱，即 33 千帕；B 例集乳器内平均真空度是 13.5 英寸，即 45 千帕。

2. A 例集乳器内平均真空度会造成哪些后果？

正确答案：附杯挤奶时间较长，滑杯次数增多。

3. B 例集乳器内平均真空度会造成哪些后果？

正确答案：可能会损伤乳头，常造成奶杯上爬现象而致乳腺内残余奶量过多（未彻底挤净奶）。

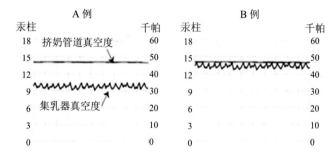

第五章问题：

1. 国内一家新建现代化规模奶牛场，挤奶厅采用 2×24 位并列式挤奶系统，该系统由国际著名挤奶设备制造厂商提供，并由其属下技术服务部门遣派资深工程师严格遵循该挤奶系统安装流程和标准完美完成安装。开始正式启动运营后系统真空度水平合乎要求并且始终如一非常稳定，只是发现：挤奶杯组容易滑脱、挤奶时长增加、平均奶流速和奶流速峰值均下降、残余奶量增多（自动脱杯流量和自动脱杯延滞时间设置均到位）、运行数周后相当数量泌乳牛乳头末端角质化严重。劳驾同道们思索回答如何破解这一难题？

正确答案：橡胶内套随时间推移缓慢老化，力戒长期保存，一般维持 1 ~ 2 个季度库存量足矣；储存仓库需保持阴凉、干燥和避光；臭氧会攻击奶杯内套高分子聚合体分子链，储存奶杯内套需避免露天储存日光曝晒。而该新建现代化规模奶牛场为赶工期，提前预购挤奶设备运入安装工地，露天堆积存放，历经春、夏、秋、冬四季，自然造成橡胶部件严重老化。

2. 奶杯杯套更换周期为 1200 头次，现有 80 头泌乳牛，每日挤奶 2 次，挤奶厅不大，为 2×4 挤奶位，那应该多少天更换一次新的奶杯奶套呢？

正确答案：1200×8÷160=60 天。

第六章问题：

目前我国绝大多数奶牛场常见挤奶系统类型为：鱼骨式、并列式和转盘式，简括这 3 类挤奶系统最主要的优缺点各有哪些？

正确答案：参阅下表。

挤奶系统类型	优点	缺点
鱼骨式	挤奶员工可以容易地观察到进入挤奶台待挤牛全貌	平均占地面积/挤奶位较高，待挤牛鱼贯进入挤奶台需要时间略长，挤奶员工往复走动距离较多，无法双手持四奶杯同时上杯，套杯位置易错，或从内侧套，或从两后肢之间套，无法装置纳粪长槽接纳挤奶期间个别牛排粪并及时清洗

挤奶系统类型	优点	缺点
并列式	平均占地面积 / 挤奶位较少，待挤牛鱼贯进入挤奶台需要时间略短，挤奶员工往复走动距离较短，可双手持四奶杯同时上杯，容易装置纳粪长槽接纳挤奶期间个别牛排粪并及时清洗	挤奶员工难以观察到进入挤奶台待挤牛全貌
转盘式	平均占地面积 / 挤奶位极少，待挤牛鱼贯进入挤奶台需要时间极短，挤奶员工几乎无往复走动，可双手持四奶杯同时上杯，挤奶效率最高，每小时可挤 6 批次牛	挤奶员工难以观察到进入挤奶台待挤牛全貌，无法装置纳粪长槽接纳挤奶期间个别牛排粪并及时清洗，定位体力操作动作简单枯燥，易造成挤奶员工疲劳，对挤奶员工体力和耐力要求严格

第七章问题：

1. 容量为 65 立方英尺 / 分钟的真空泵相当公制多少升 / 分钟的真空泵？

正确答案：大约相当于 1840 升 / 分钟的真空泵。

2. 如下图，气流应向哪个方向移动？

正确答案：从左向右。

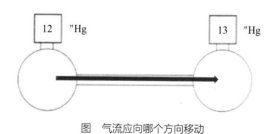

图　气流应向哪个方向移动

3. 如下图，如果管道中没有气流，那右侧的真空度是多少？假如将管道延长 1 倍，那右侧的真空度又是多少？

正确答案：均为 10 英寸汞柱，因为无空气流动，也就没有摩擦力，所以就不会引起真空度波动。

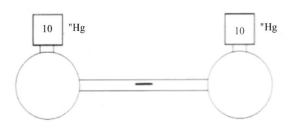

图　管道内无气流对真空度有何影响

4. 如下图，在下面的系统中，如果奶池中的真空度始终维持为45 千帕，而奶池和真空泵之间的摩擦力造成 2 千帕的真空度差，所以真空泵中的真空度需设置为 47 千帕。假如空气管道生锈且脏污，那么大家猜一猜真空泵内的真空度会有怎样的变化？

正确答案：应该高于 47 千帕，取决于空气管道生锈污染程度如何。

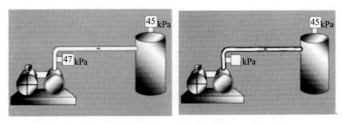

图　空气管道生锈和脏污对真空泵内真空度会有什么影响

5. 如下图：在下面各分图中，设定右侧对应稳定的挤奶管道真空度 14 英寸汞柱，各分图中每种形式的变化都会改变挤奶管道内的摩擦力，使得挤奶杯组内真空度随之发生相应变化。尽管大家也许无法准确计算出挤奶杯组内的真空度数值，但不妨猜一猜每种形式的变化会使挤奶杯组内真空度产生怎样的变化。为使问题更加简单，我们可以忽略由挤奶杯组出口形成的摩擦力。

1）挤奶管道长度加倍？

正确答案：挤奶杯组内真空度将降低至 12 英寸汞柱。

2）挤奶管道口径加倍？

正确答案：挤奶杯组内真空度将升高 >13 ～ 14 英寸汞柱之间；如果挤奶管道口径增加，自然会减少其内的空气摩擦力；如果挤奶管道口径增加 1 倍，挤奶杯组内真空度将升高至 13.9 英寸汞柱。

3）挤奶管道塌陷？

正确答案：挤奶管道内真空度将低于 13 英寸汞柱，取决于阻塞程度如何。

4）挤奶管道内气流和奶流加倍？

正确答案：挤奶杯组内真空度将降低至 10 英寸汞柱左右。

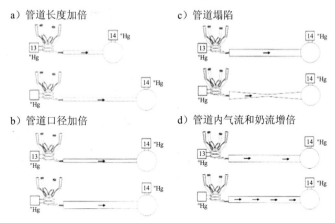

图　挤奶管道内各种形式变化如何影响挤奶杯组内的真空度稳定

6. 下图示挤奶管道真空度在例 A 和例 B 中均设定为 47 千帕（14 英寸汞柱；参见图中红线）时，例 A 和例 B 各自挤奶杯组内的平均真空度并不相同（参见蓝线）。请尝试回答：

1）在同一奶牛场，有可能在两头奶牛的奶流速峰值阶段发现例A和例B吗？如何解释？

正确答案：很有可能，因为每头泌乳牛的奶流峰值并不完全一样。

2）在测量同一头牛的挤奶杯组内真空度时，持续测量几分钟能同时发现例A和例B吗？如何解释？

正确答案：同一头泌乳牛从套杯开始至脱杯，需4～4.5分钟左右，这期间奶流速度并不完全一致，有高有低，所以挤奶杯组内真空度也会随之产生相应波动。

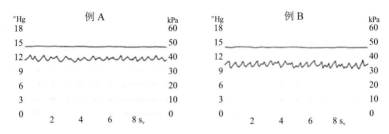

图　挤奶管道真空度不变时，例A和例B各自的挤奶杯组内真空度

7. 如下表，在高位挤奶管道系统中，真空调节器的真空度被设定并稳定在48千帕。另外，也列出了真空泵、挤奶管道和挤奶杯组内真空度各项数值。请同道们试着估计表中的每类情形里只发生单项改变时挤奶系统其他位点的真空度值是多少？

1）下述各项改变，哪项改变能使挤奶更快？

正确答案：长奶管和挤奶管道入口口径增大，同时降低挤奶管道高度。

2）下述各项改变，哪项改变能增加挤奶杯组滑落风险？

正确答案：加载牛奶计量器和挤奶杯组内气孔堵塞。

下表示单项因子改变时对挤奶系统其他位点真空度值的影响；各位点真空度值的变化用黄色数值反映。

	真空泵的真空度	真空调节器的真空度	挤奶管道真空度	奶流速峰值时挤奶杯组内真空度	挤奶结束时挤奶杯组内真空度
无任何改变	49	48	47	37	44
为 DHI 测试装置奶量表	49	48	47	33	42
长奶管和挤奶管道入口口径增大	49	48	47	40	45
挤奶杯组内气孔堵塞	49	48	47	30	36
挤奶管道高度降低	49	48	47	40	45
使用较大口径挤奶管道、牛奶接收罐、牛奶接受罐空气管道和奶水分离器	49	48	47.5	37.5	44.5
将真空泵移到距离牛奶接收罐更远处	50	48	47	37	44
安装功能更强大的真空泵	50	48	47	37	44

8. 下图示同一奶牛场四头奶牛在奶流速峰值期挤奶管道和挤奶杯组的真空度值；请同道们依据这些数值回答以下问题：

1）对于四头奶牛中的三头，挤奶杯组内平均真空度是否正常？

正确答案：其中三头挤奶杯组内平均真空度太低。

2）如果这四头奶牛可反映该牛群的总体状况，如何调整挤奶管道真空度？

正确答案：如果这四头奶牛可反映该牛群的总体状况，需将挤奶管道真空度调高至 50 千帕。

3）如果决定增加挤奶管道真空度，那有可能造成什么风险？

正确答案：在上杯挤奶末尾，尤其过挤时，挤奶杯组内真空度会过高而损伤乳头。

4）这是高位挤奶管道挤奶系统，还是低位管道挤奶系统？

正确答案：依据挤奶管道与挤奶杯组真空度之间差值较大，可判断这是高位挤奶管道系统。

5）在决定增加系统真空度之前，还应该先改进什么？

正确答案：我们可降低挤奶管道高度和减少奶流阻塞而缩小挤奶管道与挤奶杯组真空度之间的差值。

6）在调整系统真空度之前，应该给挤奶员工什么建议？

正确答案：确保套杯前乳头充分被刺激，套杯延滞时间为90～120秒（从挤头三把奶开始计算），避免过挤发生。

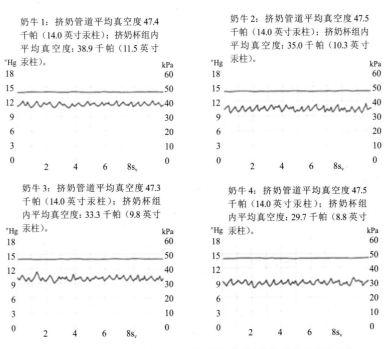

图　同一奶牛场四头奶牛在奶流速峰值期挤奶管道和挤奶杯组的真空度值

9. 下图示另一奶牛场四头奶牛在奶流速峰值期挤奶管道和挤奶杯组的真空度值；请同道们依据这些数值回答以下问题：

1）对于四头奶牛中的三头，挤奶杯组内平均真空度是否正常？

正确答案：其中三头挤奶杯组内平均真空度太高。

2）过挤风险是否会比前一个奶牛场更大？

正确答案：不可能，因为挤奶杯组内平均真空度不可能超过挤奶管道真空度，即45.0千帕。

3）这是一个高位挤奶管道系统，还是低位挤奶管道系统？

正确答案：依据挤奶管道与挤奶杯组真空度之间差值较小，可判断这是低位挤奶管道系统。

4）如果挤奶杯组内真空度总是处于这种状况，挤奶员工应该特别注意什么？

正确答案：确保套杯前乳头充分被刺激，套杯延滞时间为90～120秒（从挤头三把奶开始计算），避免过挤发生。

奶牛1：挤奶管道平均真空度45.0千帕（13.3英寸汞柱）；挤奶杯组内平均真空度：44.0千帕（13.0英寸汞柱）。

奶牛2：挤奶管道平均真空度44.3千帕（13.0英寸汞柱）；挤奶杯组内平均真空度：43.3千帕（12.8英寸汞柱）。

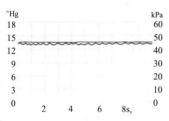

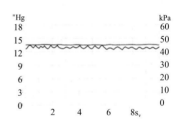

奶牛3：挤奶管道平均真空度44.4千帕（13.1英寸汞柱）；挤奶杯组内平均真空度：41.8千帕（12.3英寸汞柱）。

奶牛4：挤奶管道平均真空度45.0千帕（13.3英寸汞柱）；挤奶杯组内平均真空度：43.0千帕（12.7英寸汞柱）。

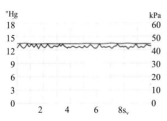

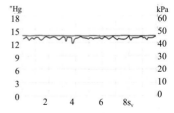

图　另一奶牛场四头奶牛在奶流速峰值期挤奶管道和挤奶杯组的真空度值

10. 以下 7 帧分图，哪些分图长奶管的长度和装置是正确的？为什么？

正确答案：左下和中下分图长奶管的长度和位置是正确的，因为较短并且就近直接连接挤奶管道，从而减少奶流阻碍；右下分图不正确，因为长奶管固定处因箍紧而凹陷狭窄，造成奶流阻碍；右上、左上和左上内分图不正确，因为长奶管过长，会增加奶流阻碍；右上内分图长奶管不仅长度过长，并且安装位置偏远，两者均可造成奶流受阻。

第八章问题：

1. 下图示拴系式牛舍管道挤奶系统挤奶管道 3 种不同类型的安装方式，每套挤奶管道总长度都是 100 米（300 英尺）。其中六个挤奶杯组用黄色标示。

A 系统：　　侧数量：　　　　　　　2 侧；

　　　　　　每侧长度：　　　　　　50 米（150 英尺）；

　　　　　　每侧挤奶杯组数量：　　每侧有 3 个挤奶杯组。

B 系统：　　有几个侧？　　　　　　2 侧；

每侧多长？	50 米（150 英尺）；
每侧有多少挤奶杯组？	右侧有 6 个挤奶杯组；左侧无挤奶杯组。
C 系统：有几个侧？	4 侧；
每侧多长？	25 米（75 英尺）；
每侧有多少挤奶杯组？	右边两侧每侧有 3 个挤奶杯组，而左边两侧无挤奶杯组。

系统 A

系统 B

系统 C

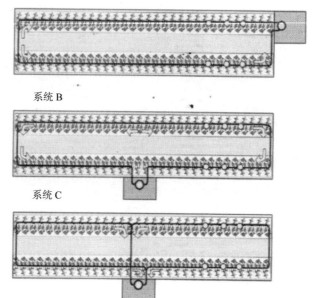

图　拴系式牛舍管道挤奶系统挤奶管道 3 种不同类型的安装方式

2. 下图示拴系式牛舍管道挤奶系统挤奶管道口径为 48 毫米（2 英寸），每侧有 2 个挤奶杯组。随着泌乳牛产量增加，挤奶管道内会产生更多"奶柱"。提供 6 种减少"奶柱"的方案，某些方案成本可能会高于其他方案；每种方案各有何不足之处？

正确答案：

1）增加挤奶管道口径至 63 毫米（2.5 英寸）；投资较高，原位清洗需要更多热水和清洗剂。

2）增加挤奶管道坡度至 1.3%；高点过高，低点（储奶大罐位置）过低；增加挤奶管道坡度较可行和较容易的方法是在牛舍内安装牛奶接收罐。

3）挤奶管道按四侧四坡度布局和装置；常致原位清洗困难。

4）每次同时挤三头牛，或每侧同时挤两头牛。

5）上杯时尽量避免空气进入。

6）将奶流速率高的泌乳牛均匀分布在整栋牛舍，避免扎堆同时挤奶。

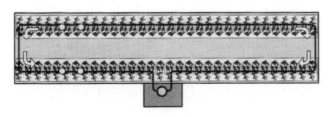

图　拴系式牛舍管道挤奶系统挤奶管道内径为 48 毫米（2 英寸），每侧有 2 个挤奶杯组。

3. 有一环状挤奶管道挤奶厅（8×2；参阅下表），每侧有 8 个挤奶杯组。请依据北美标准，根据挤奶管道内径大小，为熟练细心挤奶员工和普通挤奶员工设定其各自的坡度值；同时列出对这些挤奶管道可能需要注意和维护的各种问题。

正确答案：坡度斜率不足、坡度不平滑、有凹陷、挤奶管道扭曲、漏气、长奶管进入挤奶管道入口未在其 50% 上部。

表 8×2 环状挤奶管道挤奶厅，依据北美标准，如何根据表中提供信息设定坡度值？（黄色数值为正确值）

挤奶管道内径	熟练细心挤奶员工坡度值	普通挤奶员工坡度值
60 毫米（2.5 英寸）	1.5%	2%
73 毫米（3 英寸）	0.8%	0.8%

4. 根据下图，列出挤奶管道与牛奶接收罐相连不同类型可能需要注意和维护的各种问题。

正确答案：牛奶接收罐、奶水分离器或牛奶接收罐真空管道太小；当奶水分离器溢满而致真空度不足转向阀关闭；奶水分离器排水阀阻塞或泄露；奶水分离器脏污；奶泵泄漏；奶泵功能不足；奶泵控制装置灵敏度差，即开启或关闭非早即迟。

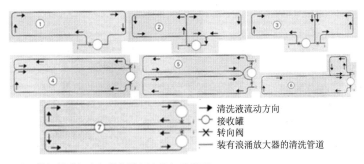

图 挤奶管道与牛奶接收罐相连的各种类型

5. 饲养管理无问题，挤奶操作流程和药浴液亦无问题，无酮病牛，4℃储奶大罐运行无任何问题，CIP 清洗到位，月临床乳房炎低于 1.5%，原奶体细胞数 15 万左右，原奶微生物数低于 1 万，乳脂率、乳蛋白率和脂蛋比均正常，日粮正常，全部病牛在专用小挤奶厅挤奶并巴氏消毒后喂哺乳犊牛，储奶大罐原奶储存时间不超过 12 小时。但是，每次起运前测定原奶总有异味，如何破解？

正确答案：可能挤奶设备老旧，挤奶期间漏气致奶流未出现层流，而是频繁发生"浪涌式"奶流，造成奶脂分离。

第九章问题：

1. 抽气率为 2400 升 / 分钟的真空泵正常工作时的真空度为 44 千帕（13 英寸汞柱时为 84 立方英尺 / 分钟）。

1）当真空泵正常工作时的真空度为 50 千帕（15 英寸汞柱）时，根据你的估计，真空泵抽气率是多少？

正确答案：大约 2100 升 / 分钟，即 75 立方英尺 / 分钟。

2）如果这是一个 7.5 马力的真空泵，你认为其能正常工作吗？

正确答案：可以，7.5 马力的真空泵抽气率大约为 1800 ～ 2300 升 / 分钟，即 65 ～ 80 立方英尺 / 分钟。

3）该真空泵能提供 16 个挤奶杯组的正常挤奶吗？

正确答案：可以，16 个挤奶杯组需要真空泵抽气率大约是 1000+（85×16）=2360 升 / 分钟，即 35+（3×16）=83 立方英尺 / 分钟。

4）如果每个挤奶杯组为 50 升 / 分钟，在没有空气泄漏的情况下，万一发生 1 个挤奶杯组掉落，那么应该需要多少储备气流？

正确答案：2400 －（16×50 升 / 分钟）=1600 升 / 分钟，即 56 立方英尺 / 分钟。

2. 请列出真空泵需要维护和警觉的各种问题都是哪些？

正确答案：

1）注油器故障；

2）皮带轮未较准；

3）皮带轮老化或打滑；

4）真空泵关闭后反向旋转；

5）漏气；

6）降低真空泵抽气率的其他问题。

3. 以下是生产实践中常见的问题，如何答复？

1）在一个奶牛场，真空泵被移动到距离牛奶接收罐较远处，是否可以通过安装更大还是更小口径的主真空管道来补偿多增加的距离？

正确答案：该额外增加的长度将会导致更多摩擦，故可匹配口径较大的真空管道来对冲额外长度增加的摩擦。示例：长 100 英尺（约 30 米）口径 3 英寸（约 7.6 厘米）真空管道可能比长 50 英尺（约 15 米）口径 2 英寸（约 5 厘米）真空管道会产生更少摩擦。

2）在另一奶牛场，长度为 50 英尺（约 15 米）的主真空管道口径较小。真空调节器安装在何处会使牛奶接收罐内的真空度波动更大？是安装在靠近真空泵处，抑或是安装在靠近奶水分离罐处？

正确答案：当真空调节器位置靠近真空泵时，真空泵的真空度会降低，但其抽气量会更高。不过真空调节器难以及时响应牛奶接收罐真空波动。当发生掉杯时，牛奶接收罐内真空波动会更高，故通常推荐真空调节器靠近奶水分离器安装。

3）抽气率为 2000 升 / 分钟的真空泵主真空管道长度为 25 米，那么其口径该是多少？

正确答案：7.5 厘米。

4）当使用 3 英寸口径主真空管道时，能将 75 立方英尺 / 分钟（7.5 马力）的真空泵移动多远距离？

正确答案：大约 200 英尺，即 61 米。

4. 请列出主真空管道需要维护和警觉的各种问题都有哪些？

正确答案：

1）漏气；

2）堵塞；

3）管道口径低于其长度和空气流量匹配要求。

5.请列出真空平衡罐和脉动器空气管道需要维护和警觉的各种问题都有哪些？

正确答案：

1）漏气；

2）堵塞；

3）低点无排水阀或排水阀排泄不足。

第十章问题：

如果挤奶厅设置电子自动分群门系统，请同道们回答：

1.相应硬件配套设置还有哪些才能充分发挥其潜在全部功能？

正确答案：需在挤奶厅双返回通道出口毗连区域设置特殊处理区；在牛舍采食通道装置采食颈轨而非采食颈枷。

2.电子自动分群门系统是否每日需使用？每日何时使用？

正确答案：需每日使用，密集使用的时间是早班挤奶期间，即6:00～14:00；其他挤奶班次也偶尔使用，但频率很低，仅限于分离在挤奶厅发现的临床乳房炎病例或其他危重急性病例。

3.设置电子分群门系统后，兽繁技术人员应该在哪里完成日常工作？

正确答案：基本全部在特殊处理区完成日常工作；如无特殊情况，无必要去牛舍。

4.兽繁技术人员在特殊处理区主要完成哪些工作内容？

正确答案：产后保健和产后监护；同期发情处理（一般在返回通道）；人工输精和孕检；免疫注射（一般在返回通道）；修蹄；其他疾病处理包括外科手术；干奶复检和驱虫；等等。

第十一章问题：

某奶牛场上个月对挤奶管道进行了升级改造，结果发现储奶大罐原奶细菌数超标。如果怀疑挤奶系统原位清洗不到位，那问题可能涉及哪些环节？

正确答案：

1. 因现在挤奶管道增长和口径加大，原先设定的清洗溶液容量可能不足；

2. 如果调整加大水量，那可能会造成清洗剂浓度降低；

3. 如果调整加大清洗溶液容量，那原先设定使用的热水器可能功能不足，无法保证清洗溶液所需要的温度。

4. 浪涌放大器原先的各项设置并不匹配升级改造后的挤奶管道。

第十二章问题：

1. 脏污乳房和乳头皮肤是造成牛奶污染原因之一，应用何种细菌培养计数法可以检测出来？

正确答案：标准平板菌落计数法 >10000 且 <100000；大肠杆菌计数法。

2. 何种细菌培养计数法获得的细菌数量最多？

正确答案：标准平板菌落计数法。

3. 为何需要应用细菌数量对数值趋势曲线图分析原奶细菌数超标成因？

正确答案：如果储奶大罐原位清洗不到位，储存的原奶细菌数将呈几何倍数增长而非累加，每日可增长 10 倍：第 1 日 1000；第 2 日 10000；第 3 日 100000。以菌落 / 毫升为单位很难形象地表示出细菌数的这种变化，因低值很多，而高值很少。如果转化为对数值（每一刻度 =10 次方）来标定细菌生长速度，则很容易发现异常值。

第十二章问题：

奶牛场生产实践中常发现储奶大罐制冷时长高于正常制冷时长，造成该现象的可能原因有哪些？

正确答案：

1. 冷凝器盘管脏污；

2. 冷却装置周边环境通风不良；

3. 气压不足；

4. 储奶搅均不足；

5. 温控器故障；

6. 储奶大罐冻结。

第十四章问题：

1. 主真空度一直稳定在 42 千帕左右，低位挤奶系统，低位电子计量器，挤奶杯组和集乳器无漏气现象；为何集乳器内平均真空度总在 35 千帕之下？

正确答案：可能长奶管过长、在挤奶管道安装位点过远，或固定箍紧处凹陷狭窄，造成奶流受阻。

2. 参阅下表，这些数据能告诉您什么？

正确答案：挤奶操作流程前处理不到位，乳头刺激按摩不足（挤头三把奶和乳头擦干环节），套杯过早。

群号	牛头数	0~15秒流量	15~30秒流量	30~60秒流量	60~120秒流量	脱杯流量	流量峰值	低流量/%	头2分钟产量	头2分钟产量占比/%	挤奶持续时间	7天平均产量
所有	1730	0.5	1.6	1.5	2.2	0.3	3.4	31.1	3.76	34.3	5：14	29
1	32	0.2	1.2	1.6	2.5	0.3	3.4	24.6	3.67	33.5	4：44	16
11	58	0.7	2.1	1.9	3.1	0.3	4.5	23.9	4.68	25.3	5：44	41
12	95	0.6	2	2.1	3	0.3	3.5	24.2	4.74	30.7	6：06	40.3

群号	牛头数	0~15秒流量	15~30秒流量	30~60秒流量	60~120秒流量	脱杯流量	流量峰值	低流量/%	头2分钟产量	头2分钟产量占比/%	挤奶持续时间	7天平均产量
13	118	0.6	2	1.9	2.9	0.3	4.1	26	4.53	25.8	6:19	37.1
14	124	0.7	2.2	2.2	3.2	0.3	3.4	20.1	5.05	34.1	5:50	39.3
21	92	0.6	1.9	1.5	2.8	0.3	4.4	27.8	4.19	24.8	5:35	29
22	7	0.7	2	1.6	3	0.3	5.4	25	4.45	28.2	5:48	33.6
23	61	0.6	1.9	1.9	2.9	0.3	4.1	25.8	4.47	25.2	5:47	37.1
24	11	0.6	1.7	1.8	2.2	0.5	4.1	22.6	3.72	21.7	6:48	38.9
31	7	0.3	1.6	1.5	1.3	0.5	3.9	46.3	2.55	16	5:15	25.4
32	146	0.4	1.4	1.5	2.4	0.3	3.6	28.5	3.64	24.9	5:08	26.7
33	1	0.3	1.7	2.5	2.9	0.3	3.3	13	4.65	22.1	4:49	40.1
34	8	0.4	1.1	1.3	2.5	0.3	2.7	39.1	3.49	30.4	6:20	28.8
51	108	0.6	1.8	1.2	2.3	0.3	3.6	31.7	3.54	28.5	5:51	33
52	76	0.6	1.7	1.4	2.9	0.2	4	24.9	4.22	26.5	5:23	36.9
53	17	0.5	1.4	0.9	2	0.2	3.2	44.1	2.92	44.5	4:12	21.7
54	13	0.5	1.9	1.5	2.9	0.2	3.5	29.7	4.29	27.9	5:38	27.7
61	151	0.6	1.7	1.2	2.1	0.3	2.5	33.6	3.25	42.4	4:45	24.1
62	107	0.6	1.5	1	1.9	0.2	2.5	35.4	2.96	39.3	4:59	22.5
63	128	0.5	1	0.7	1.5	0.2	2.1	48.5	2.21	53.6	3:42	14.9
64	148	0.5	1.4	1.2	1.8	0.2	2.6	46.3	2.86	65	3:23	16
91	2	0.7	3.3	3.1	4	0.1	4.5	12	6.47	60.7	4:16	30.7
93	7	0.4	1	1.2	2.5	0.2	4.2	28.6	3.48	12.4	8:24	42.3
94	5	0.4	1.5	1.2	2	0.2	3.1	44.4	3.08	32.7	5:17	36.8
97	208	0.3	1.4	1.8	2.6	0.2	3.6	29.3	3.88	25.2	5:44	28.2

3. 参阅下表，问题出在什么地方？

正确答案：脱杯流量设置过低，造成低流量占比过高。

群号	牛头数	昨天头2分钟产量占比/%	昨天头2分钟产量	昨天0~15秒流量	昨天15~30秒流量	昨天30~60秒流量	昨天60~120秒流量	昨天脱杯流量	昨天低流量占比/%	昨天挤奶持续时间	昨天流量峰值	昨天平均流量
所有	1720	45.0	4.92	0.3	1.8	2.6	3.1	0.3	29.3	5：13	4.1	2.4
11	85	44.8	5.29	0.3	1.9	3.1	3.4	0.3	26.1	5：05	4.1	4.0
12	108	44.3	6.46	0.4	2.5	3.4	4.0	0.3	25.6	5：51	4.8	2.6
13	108	43.9	6.01	0.4	2.3	3.1	3.8	0.3	23.5	5：09	4.5	2.7
14	108	37.4	6.13	0.3	2.1	3.3	3.9	0.2	21.1	8：08	5.1	2.6
21	108	60.9	3.45	0.3	1.5	2.0	2.0	0.3	42.3	4：14	3.1	1.6
22	112	48.5	5.34	0.4	2.1	3.0	3.2	0.3	26.4	4：45	4.1	2.3
23	100	41.7	5.64	0.4	2.0	3.1	3.5	0.5	19.0	5：24	4.3	2.9
24	76	37.4	5.06	0.4	1.6	2.7	3.2	0.4	17.0	5：48	4.1	2.8
31	127	35.9	5.29	0.2	1.8	2.8	3.4	0.4	24.3	5：50	4.6	2.6
32	113	40.1	5.32	0.3	1.9	2.8	3.4	0.3	25.6	5：38	4.3	2.4
33	152	44.6	5.29	0.3	2.0	2.7	3.4	0.3	26.6	4：40	4.5	2.8

4. 以下两张图长奶管的安装均会造成什么问题？

正确答案：会造成挤奶期间挤奶杯组内平均真空度明显下降。

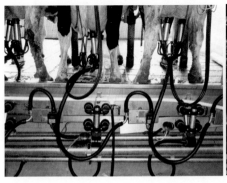

5. 某奶牛场因原先挤奶厅使用多年，挤奶设备破旧不堪，后来就找到一家著名跨国挤奶设备供应厂家按标准安装规范又新建了一个挤奶厅，正式运营后发现：分娩后直接去新挤奶厅挤奶的那些泌乳牛一切正常，而由旧挤奶厅转移到新挤奶厅挤奶的那些泌乳牛却频发临床乳房炎，这些泌乳牛原先在旧挤奶厅挤奶时也一切正常，几无临床乳房炎。如何破解？

正确答案：旧挤奶厅挤奶的那些泌乳牛业已习惯破旧挤奶设备的奶衬型号、挤奶杯组内真空度和脉动器功能现状，并不适应新挤奶厅的奶衬型号、挤奶杯组内真空度和脉动器功能设置，故而造成乳头损伤而致频发临床乳房炎。

6. 这是某挤奶设备厂家安装的长奶管→计量器→连接挤奶管道通径实照，您能判断其是否靠谱吗？

正确答案：完全靠谱，因长奶管长度较短，而且就近与挤奶管道连接，从而明显降低奶流阻碍。

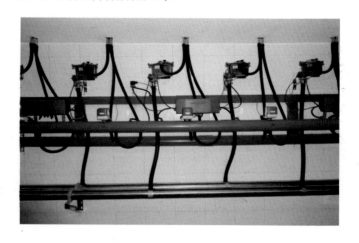

第十五章问题：

1. 乳头末端过度角质化主要由哪些因素造成？

正确答案：造成乳房末端过度角质化主要缘于过挤。"过挤"这个词同道们并不生疏，那么，哪些原因可能造成过挤呢？应该强调的是：若>20%的乳头出现类似状况，应立即采取措施纠正。

1）挤奶操作流程前处理头三把验奶与套杯前擦干乳头两环节刺激按摩不足。

2）挤奶操作流程延迟套杯环节不到位（套杯太早或太晚）。

3）奶流速峰值时段集乳器真空度太低。

4）脉动器 B 相值太高和 D 相值太低。

5）脱杯流量设定不到位（低于 800 毫升 / 分钟）。

2. 乳头孔外翻、闭合不全和磨蚀主要由哪些因素造成？

正确答案：造成乳头孔外翻、闭合不全和磨蚀的主要原因类同于造成乳头末端过度角质化，即"过挤"，此处不再赘述。同样应该强调的是：若>20%的乳头出现类似状况，应立即采取措施纠正。

3. 乳头表层皮肤颜色变化反常主要由哪些因素造成？

正确答案：造成乳头表层皮肤颜色变化反常主要由以下原因造成，应该强调的是：若>20%的乳头出现类似状况，应立即采取措施纠正。

1）挤奶时段发生的充血未完全清除，这一般缘于：

A. 脉动器功能异常，D 相值低；

B. 奶衬适配乳头较差。

2）这类状况常见于细长乳头和乳房水肿的新产牛。

4. 乳头末端点状瘀斑出血主要由哪些因素造成？

正确答案：造成乳头末端点状瘀斑出血主要由以下原因造成，应该强调的是：若 >20% 的乳头出现类似状况，应立即采取措施纠正。

1）真空度过高。

2）B 相值过低。

3）过挤。

4）损伤造成皮下出血；皮下出血后表皮破裂造成更严重出血。

5. 乳头皮肤表层呈现衬口环主要由哪些因素造成？

正确答案：造成乳头皮肤表层呈现衬口环主要由以下原因造成，应该强调的是：若 >20% 的乳头出现类似状况，应立即采取措施纠正。

1）衬口腔真空度太高。

2）奶衬和乳头适配性较差。

3）挤奶流程前处理不到位而致催产素释放不足、二次峰值和挤奶不完全。

4）过挤。

5）乳头挤奶期时段的暂时性充血未及时清除。

6）D 相值太低、脉动器功能失常或设置不合理。

7）常见于乳房水肿的产后牛，因为水肿乳头较难完全进入奶衬。

6. 湿挤会造成什么后果？

正确答案：套杯前乳头未擦干，或清洗挤奶台水花溅沾乳头，或水花进入挤奶杯组，均会由于奶衬腔体与乳头皮肤接触摩擦力不足而向上窜爬并扭曲，这极易造成原奶细菌数增加和临床乳房炎发病率升高；如果清洗水源被假单胞菌污染，还会导致假单胞菌临床乳房炎，严重病例将会发生死亡。

7. 乳头末端呈楔形主要由哪些因素造成？

正确答案：造成乳头末端呈楔形主要归咎于奶衬设计不合理或奶衬与乳头不适配而致压力过高，与 D 相值较长也有一定关系。

副主编简介

吴锡飞先生于 1982 年 2 月毕业于江苏大学，直至退休，毕生从事与奶牛场设备有关工作。曾在中国农机研究院从事挤奶设备研究近 20 年，期间国际友人著名奶业专家阳早、寒春夫妇为其业务领导，并执行了一系列国家级重大科研项目，如含有 16 个子项目的"奶牛成套设备设计与中间实验项目"，历时五年圆满完成，获机械部 1987 年度科技进步二等奖。曾在国际品牌公司北京卡夫乳品公司担任"现场专员"；利拉法中国公司担任项目经理，以及首农畜牧担任设备总监。曾在美国康奈尔大学（9 个月）与宾州州立大学（6 个月）进修奶牛场机械化及其技术推广，亦曾在利拉法瑞典总部学习 6 个月。历尽 36 年岁月沧桑艰辛，在奶牛场各功能区域包括粪污整体自动集纳设计、人员培训、生产运营各环节标准操作流程制定、原奶卫生质量管控、挤奶系统日常维护和功能检测等领域百战不殆，积累了极丰富的现场实战理论和经验。全程参与中国第一家万头奶牛场（内蒙和林地区的蒙牛澳亚奶牛场）和中国最大的人工智能机器人全自动挤奶系统奶牛场（共装置 16 台）项目是其专业生涯中一段难得且难忘的经历，这些均在中国奶牛养殖业发展史上具有里程碑式重大意义。另外，还曾发表五篇有关挤奶设备科普文章。

副主编简介

戴文，1988年毕业于北方工业大学，现任上海兴牧清洁用品有限公司总经理。长期在奶牛养殖一线进行技术服务和指导工作，有着二十多年丰富的牧业服务经验，有过硬的牧场设计和挤奶设备技术工作背景，曾在光明牧业负责挤奶设备管理，期间建造了国内首批大型牧场光明金山牧场，专业从事牧场卫生产品研发（如清洗剂、药浴液、蹄浴液等），创新式地提出奶牛乳头系统防护机制，为诸多大型牧场的牛奶质量控制和奶牛乳房炎管理提供专业化解决方案，根据客户需求和牧场条件提供全面的现场指导和理论培训。

副主编简介

孟秀荣，畜牧兽医专业学士，高级兽医师。1985-2005年担任华北制药集团动物保健品公司营销经理；2006年至今担任北京奥氏公司董事长。中国后备牛饲养委员会特聘专家，国家奶业技术金钥匙体系技术专家，全国农林高校牛精英指导教师；曾发表专著八篇。